国家新闻出版改革发展项目库重点项目

THE TOP WEAPON MASTER BRITANNICA OF SCIENCE

超级武器大师系列军事大百科全书

TANK OF REX ②

陆地霸主

[编]韩雨江 孙铭 徐波 | [绘]凯帝动画

吉林科学技术出版社

图书在版编目（C I P）数据

陆地霸主 / 韩雨江，孙铭，徐波主编. -- 长春：吉林科学技术出版社，2014.8

（超级武器大师）

ISBN 978-7-5384-8053-5

Ⅰ. ①陆… Ⅱ. ①韩… ②孙… ③徐… Ⅲ. ①陆军－武器－世界－普及读物 Ⅳ. ①E92-49

中国版本图书馆 CIP 数据核字（2014）第 164243 号

陆地霸主

主　　编　韩雨江　孙　铭　徐　波
出 版 人　宛　霞
责任编辑　张延明
封面设计　李宏蕾
美术设计　吉林省凯帝动画科技有限公司
制　　版　吉林省凯帝动画科技有限公司
电脑美术　焦　群　冯奕轩　贺媛媛　王梓豫　姚丽娜　姜海龙　边宏斌　马俊德
　　　　　丛文鹏　徐　茜　周　颖　张宗婧　王歆禹　李红伟　王　澜　程心童
开　　本　889mm × 1194mm　1/16
字　　数　190 千字
印　　张　9
印　　数　16 001-19 000 册
版　　次　2014 年 12 月第 1 版
印　　次　2024 年 4 月第 3 次印刷
出　　版　吉林科学技术出版社
发　　行　吉林科学技术出版社
地　　址　长春市福祉大路 5788 号出版大厦 A 座
邮　　编　130118
发行部电话 / 传真　0431-81629529　81629530　81629531
　　　　　　　　　81629532　81629533　81629534
储运部电话　0431-86059116
编辑部电话　0431-81629380
印　　刷　吉林省吉广国际广告股份有限公司
书　　号　ISBN 978-7-5384-8053-5
定　　价　88.00 元

目录

《 陆地霸主 THE LAND LORD 》

【 THE GIANT IS COMING 】

巨匠浮世

【 TANKS' HEGEMONY 】

群雄争霸

目录

《 陆地霸主 THE LAND LORD 》

【TANKS' HEGEMONY】

群雄争霸

【THE HEYDAY】

鼎盛攒击

【THE HEYDAY】

鼎盛攒击

【FUTURE GAME】

对弈未来

【TRACING PAST】

史海潜迹

阅读指南

《陆地霸主》共分为五章：第一章"巨匠浮世"，由达·芬奇手稿开启陆战之门；第二章"群雄争霸"，发展中角逐陆战的先驱；第三章"鼎盛攒击"，世界大战期间的阵地名将；第四章"对弈未来"，近战及未来现代化制造坦克新高；第五章"史海潜迹"，没有实战价值、未能服役、未能生产出来的遗憾。

篇章名称

本章节的标题名称，每个章节都使用不同颜色的底色标记。

篇章英文

章节名称的英文翻译。

周边趣闻

与主题坦克相关的趣味性故事。

比照

同类型坦克装备的数据比对。

主文字

介绍飞机历史人文主线的文字内容。

名词解释

坦克部件的相关知识介绍。

能力值

防御力、攻击力、攻击范围的能量指数。

标准型号

飞机的国际通用名称。

剖视图示

坦克内部工作原理的图面演示。

坦克构成

组成坦克的主要部件名称介绍。

主标题

主文字的标题文字内容。

比照

同类型坦克装备的数据比对。

原理分解

坦克工作原理的分步说明。

内构剖视图

解剖外壳，展示坦克的内部结构。

原理解剖

坦克最突出、最具特色的功能原理解剖。

追本溯源，乘车战斗的历史，古代就已经开始。中国早在夏朝时期就有了从狩猎用的田车演变而来的马拉战车。坦克是应近代战争需求和科学技术发展所研发的履带运转驱动的产物，坦克车的概念最早可见于达·芬奇手稿中的一台圆锥体的武装装甲车，达·芬奇以其天才的智慧开启了履带作为坦克象征的陆战之门。

THE GENIOUS CODE

[天才密码] 达·芬奇手稿

DA VINCI MANUSCRIPT

LEONARDO DA VINCI CREATED THE AMAZING CATERPILLAR BAND

THE LONG-RANGE SHOOTING

[远程标射] 抛石车－石弩

REBUCHET-CATAPULT

THE EARLIEST HEAVY WEAPONS--TREBUCHET AND CATAPULT

公元前500年，人类就开始研制和使用远程重兵器，最早的重兵器就是抛石车和石弩。抛石机的原理是利用杠杆把约10千克重的石头抛出300步远，用于攻城或对付固定目标；石弩能够发射巨大的石块，形式和现代火炮非常相近。亚历山大大帝在公元前332年围攻蒂雷城时一连攻了7个月，最终的胜利是因为使用了石弩。

忽必烈和"回回炮"

忽必烈继任大汗之后，采取蒙哥汗的战略方针再度攻宋，并在此场战役中使用了"回回炮"。"回回炮"又名西域炮、襄阳炮，是一种抛石机，有文献记载"置炮于城东南隅，重一百五十斤，机发，声震天地，所击之地无不摧陷，入地七尺"。

单梢炮

- 矩形机架杠杆
- 拽手人数40人
- 抛射物重1.2千克

旋风炮

- 固定独柱杠杆
- 拽手人数50人
- 抛射物重2千克

弩弓

弩弓是古代一种利用机械力量射箭的弓，巨型弩弓能弹射巨箭或石块攻击敌群和城堡。

THE CENTURY DOWN

[世纪曙光] LILLIE WILLIE 小游民坦克

"LITTLE WILLIE" TANK IS THE FIRST TANK IN THE WORLD

第一次世界大战开始后，交战双方陷入了惨烈的堑壕战，为打破阵地战僵局，战争又一次迫使人类研发新的进攻性武器。1915年，英国海军大臣温斯顿·丘吉尔委托威廉·福特公司的威廉·特里顿，利用美国"布劳克"拖拉机履带制造了一种能越野行驶与战斗的陆地战舰。1915年8月制成样车，称为"特里顿"车，经过改进后在12月的机关报样上被命名为"小威廉"，它就是"小游民"，世界上第一辆坦克。

"小游民"的履带

最初的坦克沿用了农用拖拉机的履带设计。1915年，英国研制的"小游民"坦克是利用从美国进口的两条"布劳克"拖拉机的加长履带制作了履带式行动装置，再把锅炉钢板钉在角铁架上做成一个长方形的箱子，然后将箱子安装在行动装置上，制成了"小游民"坦克。履带因此由拖拉机的主要部件成为了坦克的重要组成部分。

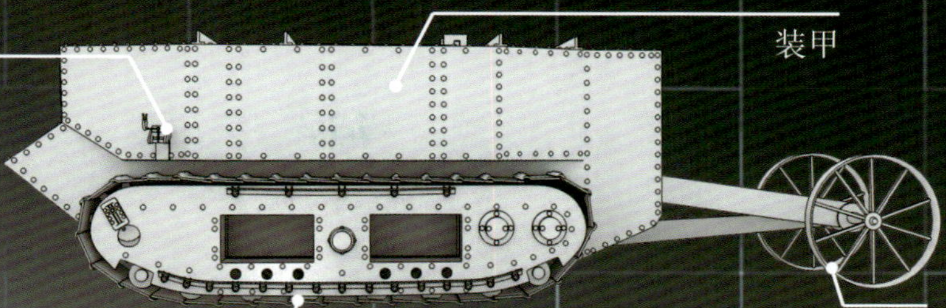

1 装甲

受早期研发技术水平的限制和生产设备简陋的制约，坦克防护性能较低，装甲只能防御枪弹和炮弹破片。

易拆卸的铆钉

铆钉是使用双层间隙装甲的标志，其作用是在主装甲外用铆钉固定一层较薄的装甲。附加装甲如用内六角或外六角螺栓固定装甲，平时方便拆装，但是战时螺栓的六角部分损坏或者说螺杆部分变形后将很难拆卸损坏的螺栓，而铆钉只要手工用凿子凿掉圆头凸起后，就能将受损的装甲拆卸。

3 导向轮

车体后部有一对导向轮以保持坦克平衡，导向轮除了用于转向外，还具有保持车辆直线运行的性能。

2 履带

行动部分有两条履带，履带是由主动轮驱动，围绕着主动轮、负重轮、诱导轮和托带轮的柔性链环。

小游民坦克

- 发动机功率78.3千瓦
- 时速3千米每小时，越壕宽1.5米
- 通过垂直障碍高0.6米

大游民坦克

- 发动机功率78.3千瓦
- 时速3.23千米每小时，越壕宽1.2米
- 通过垂直障碍高0.3米

THE FATHER OF TANK

[坦克鼻祖] MARK I 马克Ⅰ型坦克

MARK I TANK OPENED A NEW ERA OF MECHANIZED ARMY

1916年9月15日索姆河战役，有49辆坦克首次驰骋战场，靠履带行走，越障跨壕、无所阻挡，很快就突破德军防线，它们便是被称为坦克鼻祖的马克Ⅰ型坦克，该坦克有“雄性”和“雌性”两种。英国将这种新式武器说成是为前线送水的“水箱”（英文“tank”），结果这一名称被沿用至今，“坦克”就是这个单词的音译。马克Ⅰ型坦克开辟了陆军机械化的新时代。

1916年，索姆河战役，英军第一次将坦克投入战场，马克Ⅰ型坦克 分为“雌、雄”两种坦克，被赋予的任务不同。雌坦克用来辅助步兵推进，雄坦克用来打堡垒。9月15日，英国以21个步兵师的兵力，在18辆“雌、雄”坦克支援下，5个小时内就向前推进了5千米，一辆雄坦克甚至未放一炮就攻占了一座村庄。

坦克第一次涉足战争

履带

该坦克配备低重心及特长履带，履带由主动轮驱动，围绕着主动轮、负重轮、诱导轮和托带轮的柔性链环。

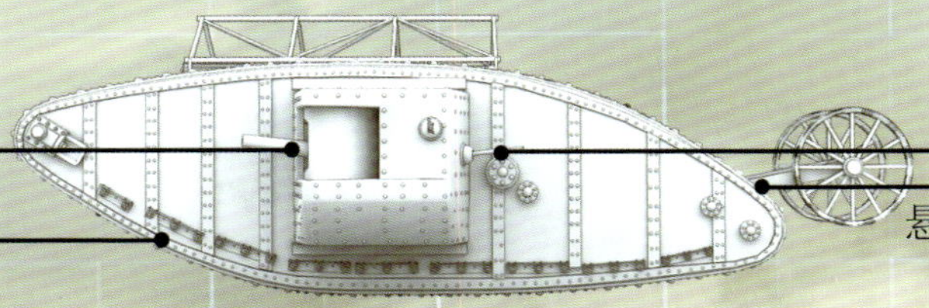

2 机枪

没有装备火炮只配有机枪的称为“雌性坦克”，携载33 000发8毫米和7.7毫米口径机枪弹，车内有4名乘员。

神奇的导向轮

马克I型坦克的设计者在研制中，考虑到了平衡问题，便在坦克车辆后部加装了一对直径为1.37米的导向轮，导向轮主要是针对坦克与地面摩擦的反作用力在转向环节中保持稳定性。导向轮除了用于转向外，在不需转向时也具有保持坦克直线运行的性能，具有耐磨性好、使用寿命长等优点。

雄性马克I坦克

- 装有2门57毫米火炮和4挺机枪
- 装备主炮
- 火力强，用于突破阵地

雌性马克I坦克

- 仅装有5挺机枪
- 没有装备主炮
- 火力弱，用于掩护雄性马克I

3 火炮

装备火炮且配有机枪称为“雄性坦克”，携载336发6磅(约2.72千克)炮弹，2门短身管炮，3~4挺机枪。

THE TURNING POINT IN THE WAR

[战地转机] FT-17轻型坦克

RENAULT FT-17 LIGHT TANK IS A MILESTONE IN THE HISTORY

“一战”中，英国人首先研制出应用于战场上的坦克，但其庞大的体积和运行的不便导致战场效能并不理想。法国的参谋部门认识到这种新武器的特点和不足，开始强调坦克的机动性，在保留大型坦克的基础上，要求设计出一款轻便的能够伴随步兵行动的快速支援坦克。法国的雷诺汽车公司在1916年承担了这个任务，轻型坦克雷诺FT-17就此诞生，它是世界上第一种旋转炮塔式坦克，成为坦克发展史上重要里程碑。

原始型

- 铸造
- 炮塔圆锥形
- 水冷的哈奇开斯机枪

改进型

- 铆钉接合
- 炮塔八角形
- 风冷的马克西姆机枪

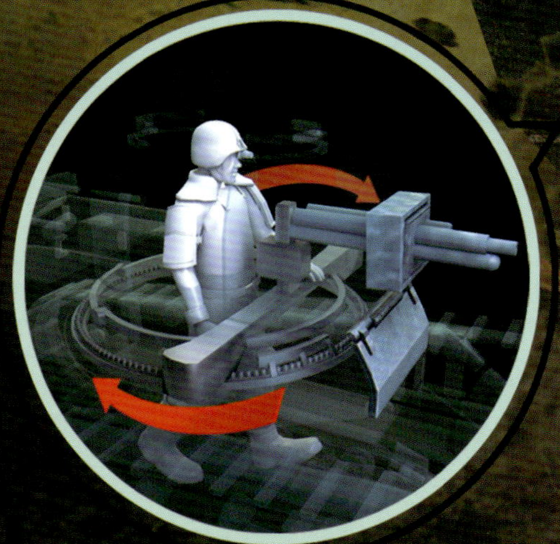

世界上第一种旋转炮塔

雷诺F-17采用了可360度转动的炮塔，设计者是为了改善作战人员的视野以缩小火力死角。在坦克的车身上面开有一个大圆孔，大圆孔上是一圈铜制的导轨，上面安装的轴向压力轴承可以完成平面内转动，而且炮塔底部安装有齿圈及驱动机构，将炮塔的左右旋转运动和火炮的上下俯仰运动进行了精密处理。

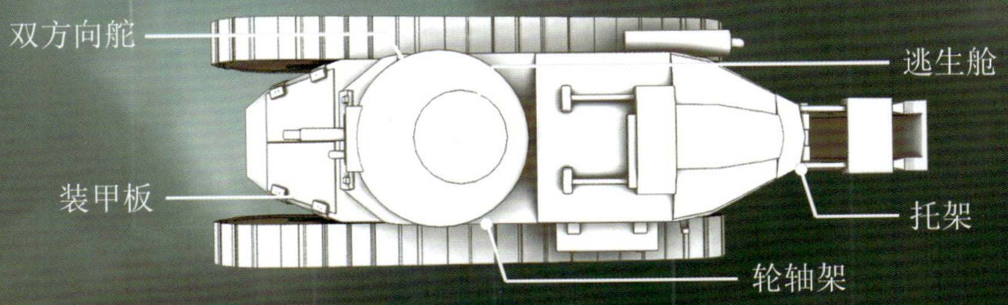

1 驾驶舱

第一个采用驾驶舱以独立舱间安装的设计，将引擎废气与噪音用钢板隔开，改善了士兵作战环境。

2 装甲板

装甲6毫米~22毫米厚，为了开发适合量产的车辆，车身装甲板大部分采用直角设计便于接合。

3 轮轴架

悬挂装置上有4个轮轴架，第一个轮轴架装有3个小直径负重轮，后面三个轮轴架则装有2个小直径负重轮。

THE POOR HERO

[悲情英豪] CHARB1 重型坦克

CHARB1 HEAVY TANKS POSSESS AN UNIQUE APPEARANCE

1920年7月，在被称为“法国装甲车之父”的埃司丁提出了一种十分大胆的设想，欲设计一种新型多用途坦克。1921年1月，法国陆军总参谋部设立了一个专门的委员会，负责未来坦克的开发工作，但因各种原因直至1931年才有3辆原型车交付法国陆军，原型车被称为CHARB重型坦克，后来改进为CHARB1型。CHARB1型坦克并没有挡住纳粹德国的闪击战攻击，法国仅支撑了6个星期便宣告投降，战败让我们来不及端详法国坦克独树一帜的设计，CHAR B1型坦克只能是悲情英豪。

CHARB1型坦克

- 重25吨
- 炮塔为APX1型
- 装有SA34型短管加农炮

B1-bis型坦克

- 重31.5吨
- 炮塔为ARX4型
- 装有SA35 L34型高速加农炮

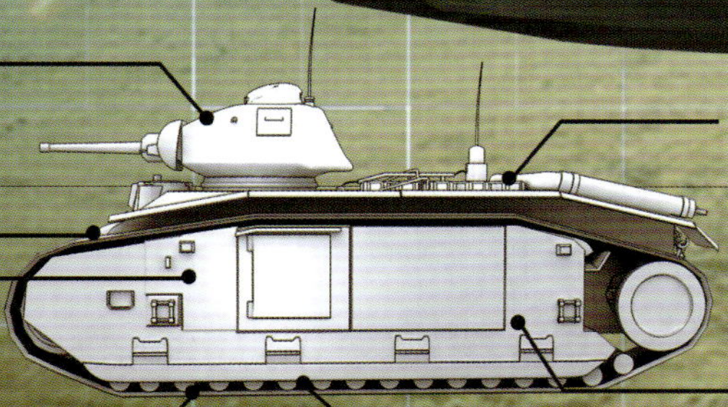

1 Viet 压缩空气系统

火炮配有精确的回转方位指示仪，由Viet压缩空气系统驱动，当发动机电启动机无法运作时，Viet系统还可作备用启动手段。

加大炮管壁厚度

炮弹借助在炮管内引燃火药产生的瞬时推动力射出，火药产生的巨大热能和炮弹加速产生的巨大摩擦力，对坦克炮的炮管有很大的磨蚀作用，会导致火炮管出现裂纹弯曲，使炮弹落点出现偏差。CHARB1型坦克加大了炮管壁厚度以增强炮管的抗弯能力，还可增加炮管的热容量，即使同样受热，较厚的炮管升温会慢一些。

人性化的舱体设计

CHARB1型坦克采取了隔舱化设计，车体内部分为两个主要舱室，由一个防火隔板隔开。车组乘员位于前部隔舱内，驾驶舱位于车体左部，驾驶舱外壳部分是车体部分防护的一个弱点，但这个位置几乎不会被击中。驾驶员可以通过驾驶舱顶部的一个视范180度的潜望镜来观察。这种设计提高了车体乘员的生存能力。

2 转向系统

是一种双重差速转向机构，提供一个与传动齿轮选择无关的持续转向半径，这种系统能快速准确地将火炮对准目标。

3 离合器

驾驶员通过离合器能调整两侧履带速度，当两侧履带按相同速度、相反方向转动时，坦克就可以原地转向。

THE ARMORED SOIDERS

PANZER III

[装甲奇兵]三号坦克

PANZER III TANK REPRESENTS THE GERMAN ARMORED DIVISION

1934年1月11日，德国的古德里安要求陆军部草拟开发一种最大重量为24吨，最高行进速度为35千米每小时的中型坦克，并打算将之作为德国装甲师的主力坦克，以用于摧毁敌方坦克。于是德国的戴姆勒-奔驰公司、克虏伯公司、MAN公司及莱茵金属公司分别生产了试验型的坦克，最后戴姆勒-奔驰公司的样车产品得到认可，在样车基础上于1937年5月制造出了三号坦克 。

三号坦克

- 有六对负重轮
- 用于作战
- 设计为打击对方装甲战斗

四号坦克

- 有八对负重轮
- 用于工程
- 设计为支援步兵战斗

新式的“车内联络系统”

三号坦克上有车长、炮手、装填手、驾驶员和通讯员等五位成员，且采用了新式的“车内联络系统”，使乘员在作战时能直接用言语沟通而不必依靠手势或工具，在作战时大大提高了坦克的反应时间，因而这个系统成为未来坦克的标准配备。

1 配置

装备一门37毫米战车炮，装备了3挺MG43机枪，炮塔侧面有一个侧门，后方开一个手枪孔。

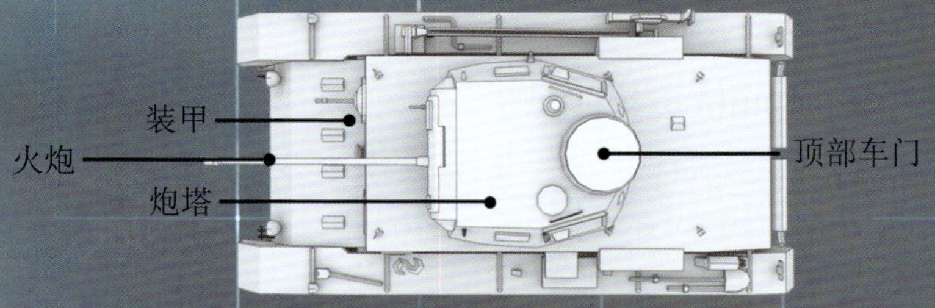

3 装甲

装甲为15毫米轧制装甲，顶部、底部装甲分别为10毫米、5毫米轧制装甲，尾部采用多层装甲。

2 烟雾产生器

早期生产的三号坦克都会在尾部装有烟雾产生器，可以通过扳下炮塔内的手柄来使之触发。

第一款扭力悬挂坦克

三号坦克是世界上第一款使用扭力杆悬挂的坦克。扭力杆能够提升悬挂系统的承载力，就如同换了一套更强力的弹簧。扭力杆悬挂的优势在于其行程远、寿命长、体积小，可以减小车辆在复杂地形上行驶时产生的颠簸。使用扭力杆悬挂可以提高坦克瞄准时的稳定性，但不足之处在于它要经常保养，且更换工作复杂，维修需要专门设备。

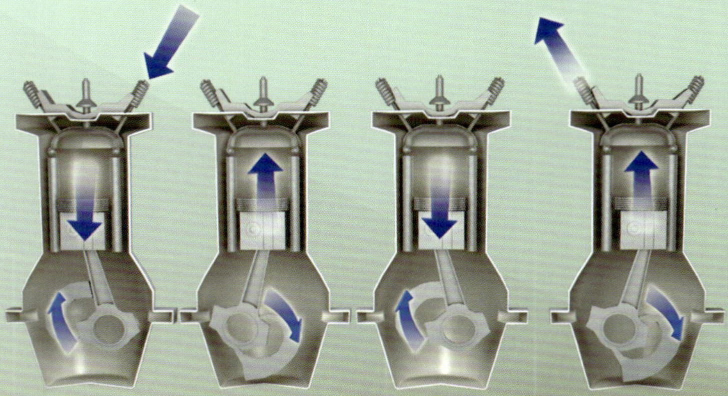

发动机的高效工作

97式中型坦克采用了风冷柴油机动力装置，运行时，依靠强迫风冷带走热量，当燃气温度一定，缸壁温度越高，柴油机散发到空气中的热量就越少，热效率就越高，燃油消耗量便越低，最大限度地避免了酸性腐蚀和磨损，减少了柴油机在露点以下的工作时间，缸体盖以及散热器内不会产生积存水垢的弊病，使用寿命长。

炮塔

不对称的炮塔，铆接结构装甲车体和炮塔，无线电台的框形天线和主动轮在前，是97式坦克的一大特征。

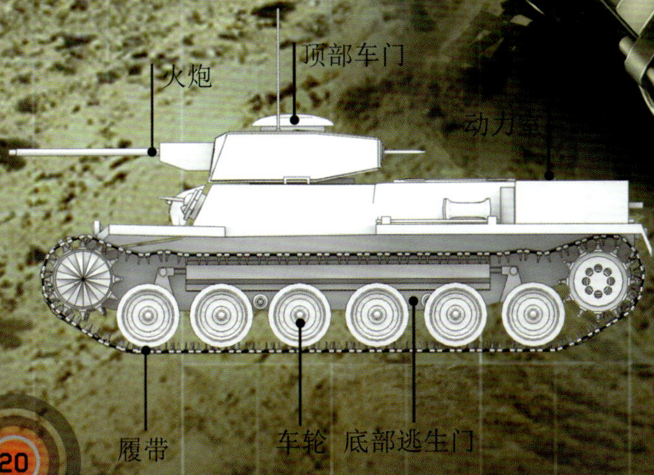

THE TRACE OF WAR

[战迹迷踪] TYPE 97 中型坦克

TYPE 97 MEDIUM-SIZED TANK IS THE MOST SUCCESSFUL TANK IN JAPAN

第一次世界大战后，日本曾研发的89式坦克。到了19世纪30年代中期，它的火力和机动性已明显落后于当时世界坦克的发展潮流。为此，日军参谋总部和工程部在1936年决定设计一种新式坦克，它就是97式中型坦克。97式中型坦克于1937年定型量产，被广泛用于日本侵华战争。

穿甲弹

- 可携带穿甲弹40发
- 气动外型好，存速能力大
- 能击穿50毫米厚钢质装甲

榴弹

- 可携带榴弹80发
- 初速低于穿甲弹
- 靠爆轰波和破片杀伤

2 辅助武器

为两挺97式7.7毫米重机枪，携弹量4035发，其中一挺为前置机枪，另一挺装在炮塔后部偏右的位置。

3 负重轮

车体每侧有6个中等直径的负重轮，第1和第6负重轮为独立的螺旋弹簧悬挂，第2~5负重轮每2个为一组要用平衡悬挂。

单前灯

如果将前车灯放在车身上部前端两角的位置会容易发生损坏，所以虎式坦克单前灯位于前上装甲板中间。

穿甲弹

- 典型的动能弹
- 钢合金、贫铀合金等制成
- 使用在炸弹上和军舰的防护装甲

被帽穿甲弹

- 尖部有个韧性好、外形平钝的被帽
- 完整的尖型弹体
- 攻击表面是非均质装甲

水中行驶的战车

虎式坦克的总重量57吨（战斗重量），已经远超当时大部分桥梁的重量限制，因此被设计成可以在深度达4米的水中行驶。为了让引擎在水中能正常换气及冷却，需在引擎室后上方装备3米长的伸缩式吸气筒，在舱盖及其他接合部分盖上防水物料，潜水的限制时间约为两个半小时。若行驶期间车内有漏水则可由排出污水专用的水泵抽走。

炮塔摇篮

虎式坦克的战斗室与炮塔位于车体的中央位置。将战斗室的地板稍微提高后，就被设置成能在炮塔旋转时连动的炮塔摇篮，炮塔旋转时相关的物品与乘员也随之一起转动，炮塔完整转一圈需一分钟，由于炮塔旋转速度缓慢，使靠近的敌方坦克有了逃走的机会。

THE KING

[王者风范] TIGER

虎式重型坦克

"TIGER"HEAVY TANK IS ACTIVE IN THE FRONT LION OF TANKS

第二次世界大战中纳粹德国陆军所使用的重型坦克称为虎式坦克，简称"虎式"或"Tiger"。虎式坦克是"二战"时期机动性最好的重型坦克，以其自身优势及强大的火力成为战争时期的传奇经典。它从1942年下半年服役起至1945年纳粹德国投降为止，是一直活跃于第一线的重型坦克。

螺式炮闩的运作原理

螺式炮闩一般用于后膛装填火炮。它装在固定在炮尾一侧的锁扉上，关闩时，闩体上的螺纹与炮尾内表面上相应的螺纹相啮合。闩体的螺纹面被分作若干个区段，每隔一个区段将螺纹切除。在通过闩柄关闩时，闩体沿弧线转动直到闩体和炮尾上的螺纹完全啮合为止。为了一压闩柄就能使螺式闩体解脱打开，炮闩上还配有传动装置。

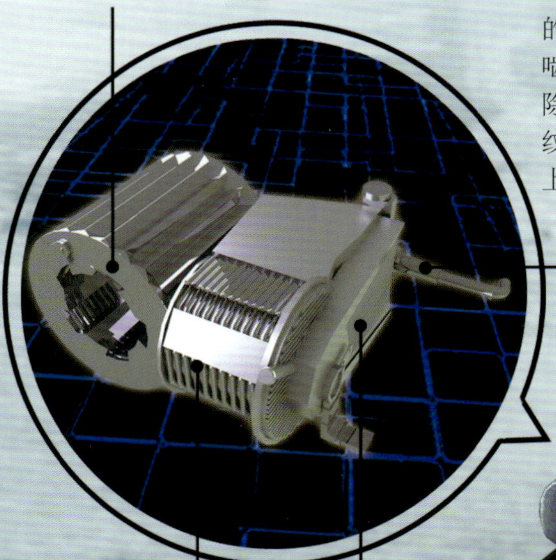

苏联KV系列重型坦克开始于20世纪30年代初，西班牙内战的教训促进了苏联重型坦克的快速发展。“二战”前夕，苏联西北方面军指挥部要求为4辆试验用的KV-1安装上152毫米的榴弹炮。KTZ设计局的设计师被召集起来完成这个项目。两星期后，一种新的试验车型设计完成。1941年初，这种搭载榴弹炮，拥有恐怖火力的坦克被命名为KV-2，其巨大车体被德军称为“巨人”。

THE TERRIFYING GIANT

[深恐巨人] KV-2重型坦克

KV - 2 HEAVY TANK HAS LARGE CALIBER GUN OF WORLD WAR II

2 炮塔

KV-2重型坦克后炮塔为6角形，炮塔是用来发射弹药武器的装置，是坦克区别于别的武器的重要标志。

KV-2坦克，装备110毫米厚的前装甲，几乎成了不可战胜的钢铁怪物，在卫国战争中，1辆隶属于苏军第2坦克师的KV-2坦克在罗希尼镇附近的交通要道上居然将德军第6装甲师阻滞了整整1天，尽管德国人用105毫米榴弹炮打坏了它的履带，但它仍然凭着坚厚的装甲能够继续战斗直到弹药耗尽。

奋战到底的装甲勇士

KV-1

- 被称为“装备小炮塔的坦克”
- 装甲薄弱
- 火炮威力小

KV-2

- 被称为“装备大炮塔的坦克”
- 装甲增厚
- 采用大口径榴弹炮

1 装甲

装甲非常厚实，即使在芬军的波佛斯37毫米战防炮的48发炮弹皆命中下，仍然不损其战斗能力。

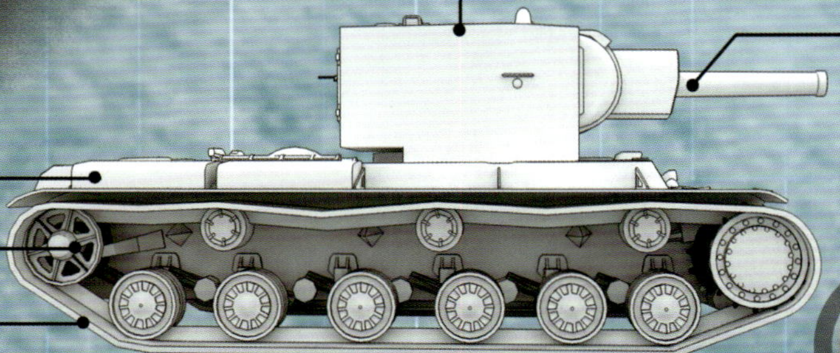

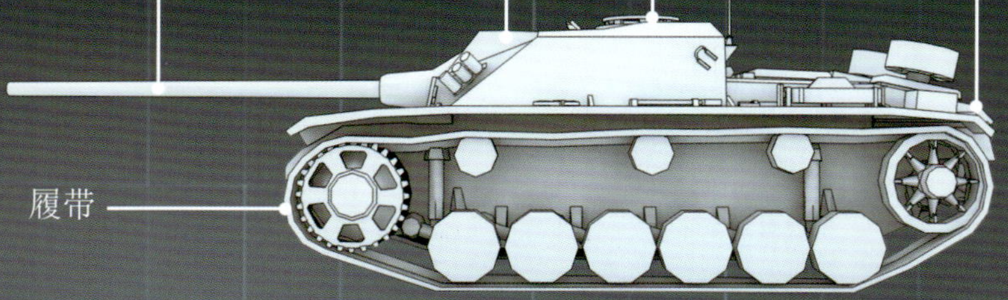

2 火炮

早期的三号突击炮安装了一门75毫米低速炮或75毫米反坦克炮作主力武器，但是并无炮塔。

三号突击炮A型

- 重量19.6吨
- 主要武器75毫米StuK37L/24
- 备弹主炮44发

三号突击炮G型

- 重量23.9吨
- 主要武器75毫米StuK40L/48
- 备弹主炮54发

1 装甲

鼻板、炮盾和上层构造正面装甲厚度为50毫米，这样的装甲厚度能够抵御当时的反坦克炮。

低矮扁平的车身

三号突击炮火炮装备了能够充分保护内部人员的上层构造，有2.16米，但对于坦克来讲，这样的比例就算是低矮的车身了，突击炮因其身形成为了难以发现的猎手，作为突击炮和坦克歼击车活跃在各战线之上。

THE LAST FIRING

[阵地绝轰]

STUG III

三号突击炮

STUG III ASSAULT CANNON CAN SHELTER FOR MACHINE GUN

1939年德军攻打波兰之后，发现自己的装甲部队里面缺乏一种攻打碉堡的武器。于是，一种新的自行火炮投入研发。该火炮使用panzerIII型坦克底盘，安装75毫米L/24火炮，被称为三号突击炮。三号突击炮主要伴随步兵进攻，适用于摧毁敌军的坦克、碉堡、机枪火力点以及反坦克炮，其首次参加战斗是1940年5月的法国战役，并在战斗中表现出色。

三号突击炮的摧毁力

三号突击炮因其简单可靠，在对法作战、巴尔干战役及1941年的巴巴罗萨行动与随后的冬季防御战中，获得前线士兵的好评。总体而言，三号突击炮的开发极为成功，在整场战争间，德军宣称击毁了超过20000辆敌方战车，光是独立667突击炮营，自1942年8月到1943年11月，就累计击毁了1000辆战车。

3 逃生舱门

坦克底部有逃生舱门，侧面逃生舱门的装甲厚度在三号坦克F型基础上从30毫米增加到50毫米。

THE ENDLESS GLORY

[无尽荣耀] T-34中型坦克

THE SOVIET UNION T-34 TANK HAS A REVOLUTIONARY IMPACT

20世纪40年代，为了进一步增强火力与防护功能，苏联开始研制新型坦克。1940年6月，第一批生产的120辆T-34坦克在哈尔科夫、列宁格勒和斯大林格勒的工厂交付苏军。T-34坦克是苏联生产的中型坦克，其设计思路对后世的坦克发展有着深远及革命性的影响，被誉为“二战”中最优秀的坦克，在世界坦克发展史上占有显赫的地位。

克里斯蒂悬挂

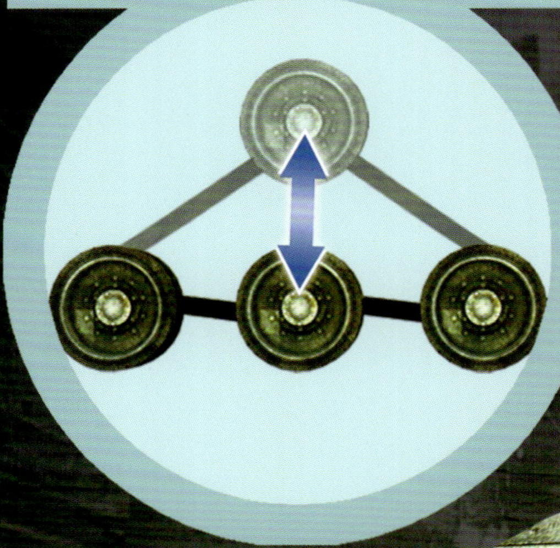

T-34坦克的底盘悬吊系统来自美国工程师克里斯蒂所发明的创新全轮独立悬吊，这种悬吊均是由前后两个互相连接的圆柱形螺旋弹簧构成。筒式液压减震器悬吊系统能让每个车轮独立起伏，车辆行驶中操控和刹车更加平稳，保持乘员的舒适性及隔绝适当的路面噪音、弹跳与震动。这种设计有更长的避震行程。

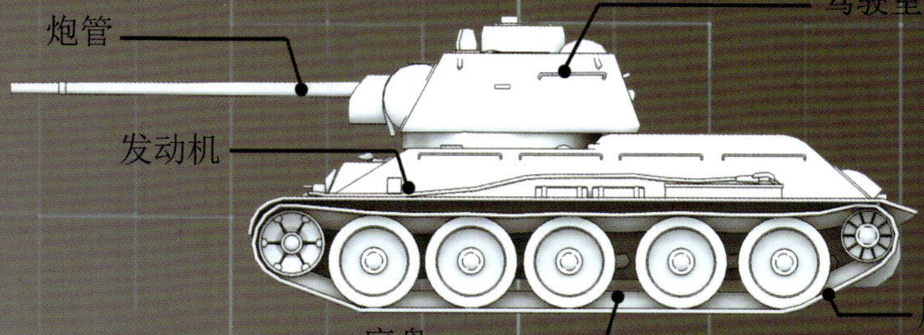

斜面装甲

T-34是第一个采用斜面装甲的坦克，正面装甲斜角有32度，侧面有49度，车身斜角一直延伸到炮塔，从正面看就是一个直角三角形。斜面装甲的好处是，炮弹击中后容易跳弹，威力大减；根据三角原理，一枚水平射来的炮弹，击中斜面装甲以后，需要穿过的钢板厚度相当于三角型的斜边。

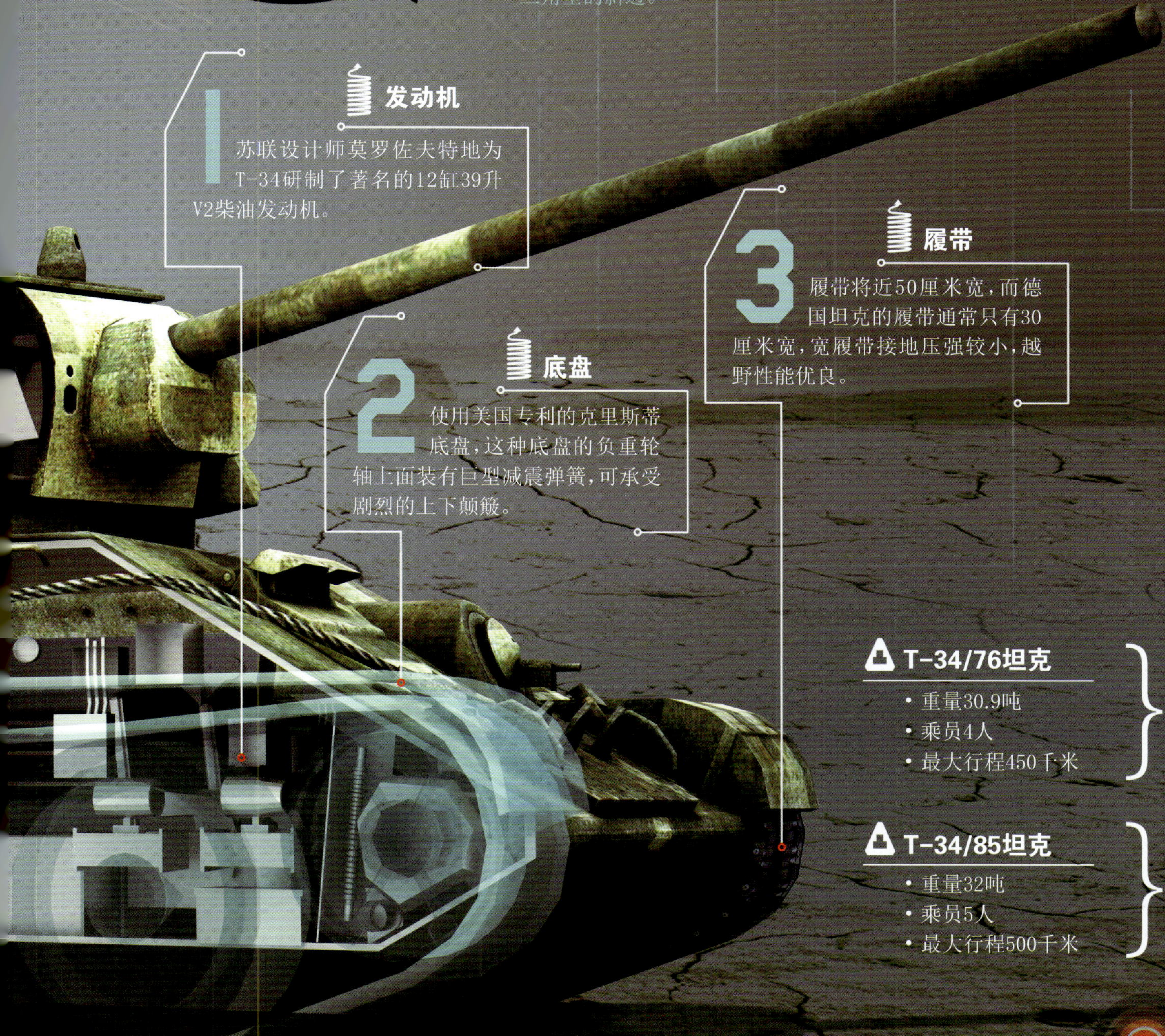

1 发动机

苏联设计师莫罗佐夫特地为T-34研制了著名的12缸39升V2柴油发动机。

2 底盘

使用美国专利的克里斯蒂底盘，这种底盘的负重轮轴上面装有巨型减震弹簧，可承受剧烈的上下颠簸。

3 履带

履带将近50厘米宽，而德国坦克的履带通常只有30厘米宽，宽履带接地压强较小，越野性能优良。

T-34/76坦克

- 重量30.9吨
- 乘员4人
- 最大行程450千米

T-34/85坦克

- 重量32吨
- 乘员5人
- 最大行程500千米

THE HAMMER OF THOR [雷神之锤] CARL600 卡尔迫击炮

THE NICKNAME OF CARL 600MM MINE THROWER IS "SUPER CHARIOT"

1934年，希特勒执掌德国政权，开始积极扩军备战。为了能突破马其诺防线这种坚固工事，顺利进行西线作战计划，希特勒命令相关部门研发专门武器。1936年，德国莱茵金属公司设计出一种600毫米口径的重型迫击炮，设计方案得到了德国炮兵部队的认可，并决定生产装备该种重型迫击炮。1940年600毫米口径的重型自行迫击炮建成。因为研发过程中卡尔·贝克将军给予了巨大支持，所以该炮也被称为卡尔自行迫击炮。

双炮合力的毁灭性打击

塞瓦斯托波尔攻坚战，是一次长达250天的攻防战役。当德军对塞城久攻不下时，又启用了"卡尔"大炮和"朵拉"大炮。1942年3月，第833重炮营奉命支援塞城攻坚，一个月的时间内，在"卡尔"巨炮和"朵拉"大炮轰击下，一些极为坚固的苏军炮台和地下弹药库被摧毁。

卡尔600毫米迫击炮

- 全重124吨
- 最大速度6~10千米每小时
- 主炮口径600毫米

虎式重型迫击炮

- 全重65吨
- 最大速度12千米每小时
- 主炮口径380毫米

1 炮管

火炮拥有短而粗的炮管，是它最主要的外部特征。

2 驾驶室

驾驶室在坦克车体前部左侧，驾驶员后部设有副驾驶员席，战时关闭车门，视野靠两块潜望镜。

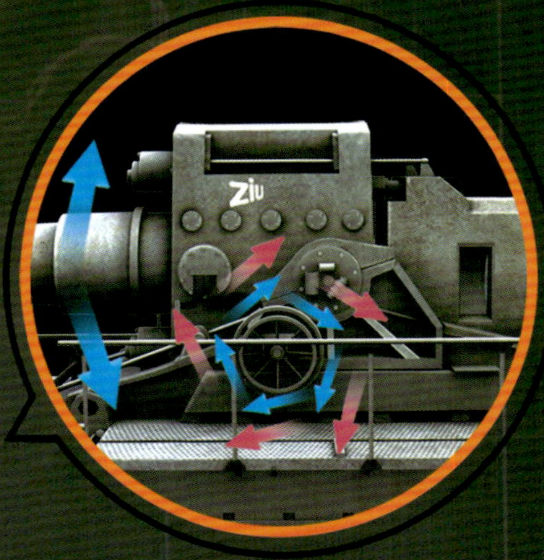

雷神之锤

卡尔600起初装备了口径600毫米臼炮，设计时留出余地，也可换装11.5倍口径540毫米臼炮来增大射程，操作时将臼炮搭载在有十一个负重轮的巨大底盘上，重达124吨的车体由戴姆勒-奔驰MB503-V12型432.5千瓦引擎驱动，但最大时速只有可怜的十千米，也因发射时震天动地的威力而被称为“雷神之锤”。

3 底盘

设计师曾坚持把火炮拆卸成几部分运输会更方便，但组装却需要很长时间，最终采用履带式自行底盘。

十字军坦克

- 火力强大
- 装甲厚
- 最大速度45千米每小时

盟约者坦克

- 火力薄弱
- 装甲薄
- 最大速度50千米每小时

悬挂装置

十字军坦克采用克里斯蒂式悬挂装置，其原理就是将路轮的垂直运动转化成弹簧的伸缩，由此产生的弹性形变给车体的支撑，是一种结构简单、性能可靠的悬挂系统。十字军坦克每侧有5个大直径的负重轮，主动轮在后，诱导轮在前。较高的单位功率、大直径负重轮，使得十字军坦克最大速度达到了45千米每小时。

装甲

装甲厚24~49毫米，是用于抵挡或削弱敌人的攻击力，抵消或减轻攻击对于保护目标伤害的保护壳。

1941年6月，十字军巡洋坦克首次投入北非沙漠战场，反击隆美尔的“战斧”作战行动。在攻势中，尽管英军坦克数量上有优势，但狡猾的隆美尔善于集中兵力声东击西，也给英军以重大打击，双方算是打了个平手。

THE CRUSADES COVENANT

[东征盟约] CRUSADER 十字军坦克

CRUSADER FIRSTLY SHOWED IN THE DESERT BATTLE OF NOTTH AFIRCA

2 机枪塔

在车体前方驾驶员位置加装一个手动旋转的小型机枪塔，并内置一挺贝莎机枪，这个小型机枪塔很难操纵。

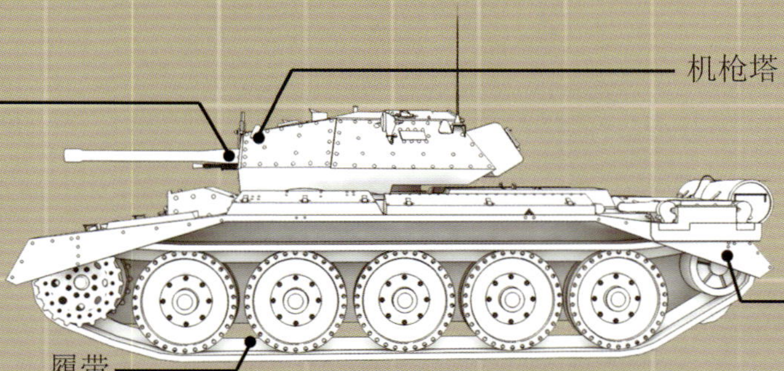

十字军的战场生涯

十字军坦克首次服役于1941年6月的战斧行动，虽然它的速度比任何德军坦克都快，但装甲薄弱且可靠性仍存在问题，在北非战役后，十字军坦克被性能更好的M4谢尔曼、克伦威尔坦克所取代，十字军坦克大多退下火线，剩余的改为自走防空炮和火炮牵引用途。

THE WING OF INFANTRY

[步兵之翼] CHURCHILL 丘吉尔步兵坦克

"CHURCHILL"INFANTRY TANK WAS OFFICIALLY NAMED IN 1940

20世纪40年代,正当法国沦陷,堑壕战并没有像预期般在北欧出现,伍尔维奇理兵工厂的坦克设计主管修改了A20设计,以波兰战役及法国战役的经验开发出A22,并把新的设计图交由沃克斯豪汽车公司。在大撤退后,英军损失大量军用车辆,德军的快速进攻,使英国的战争办公室决定生产A22,1940年7月推出第一辆样车,1941年6月将其命名为丘吉尔步兵坦克,丘吉尔步兵坦克是第二次世界大战中英国生产数量最多的一种坦克。

独具特色的行动装置

丘吉尔步兵坦克的特色是行动装置,采用小直径负重轮。重40吨的庞大车体每侧负重轮达到了11个。即使个别负重轮被击毁也能继续前进,但过小的负重轮造成悬挂行程太小,越野时舒适性差,通俗说就是颠得特别厉害(像没减震装置的汽车),所以后来的坦克不再采用这种设计。

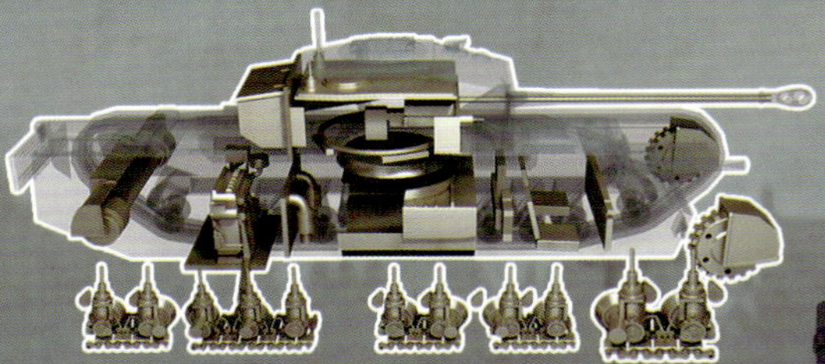

履带

上支履带处没有托带轮,靠半圆形的履带导向凸起来支撑履带,每侧有70块钢板履带板。早期采用的是重型履带。

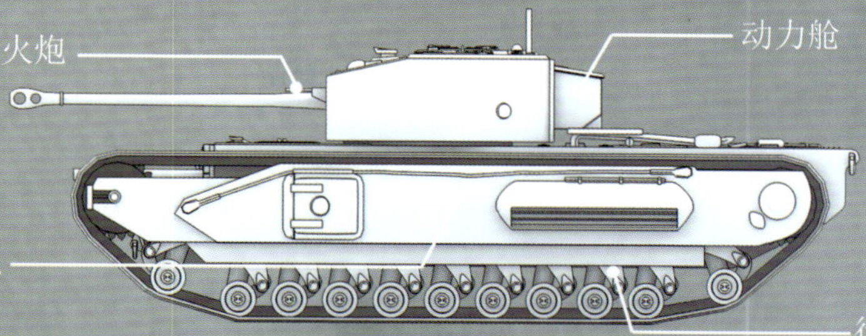

2 发动机

2台6缸水冷汽油机，功率257.4千瓦。转动装置有4个前进挡和1个倒挡，行动装置是独立式螺旋弹簧悬挂装置。

不断完善的研发过程

丘吉尔坦克早期型号无论是火炮口径还是防护装甲都设计的不甚理想。但是随着在战场的不断使用，设计理念也随之发生了变化，后来火炮口径甚至达到95毫米，装甲厚度增大到152毫米。所以，世界上任何一种类型的坦克从最初设计到达到使用目标都有一个逐步完善的过程。

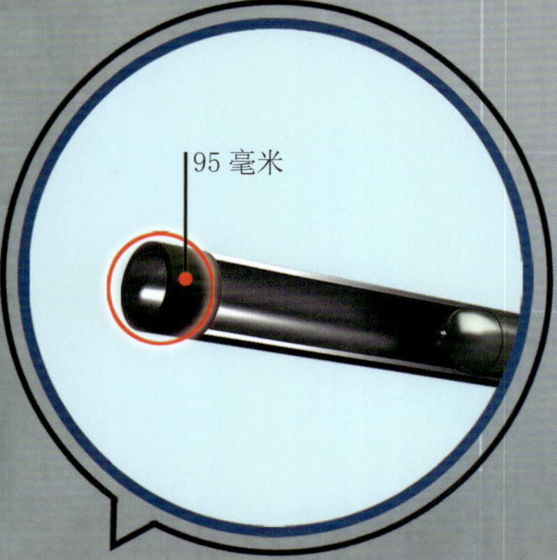

3 火炮

主要武器为40毫米火炮，在车体前部还装有一门76.2毫米短身管榴弹炮，这种武器配置类似法国B1坦克。

丘吉尔步兵坦克

- 全重38.5吨
- 全长7.4米
- 最大行程90千米

英国瓦伦丁步兵坦克

- 全重16吨
- 全长5.41米
- 最大行程154千米

造价昂贵的炮管

古斯塔夫巨炮的整根身管由两段组成，即带身管套的前身管与后身管。安装时，先将后身管插入身管套与前身管相连，再用硕大的连接螺母将它们牢牢固定。每个炮管发射100发，就得吊换新炮管，不然就会产生炸膛事故。更换炮管非常麻烦费时，更换一次炮管需要1天的时间，且炮管的造价非常昂贵。

1942年夏，苏军在塞瓦斯托波尔修筑了坚固工事和地下弹药库，以应对德军凶猛的进攻。但在一天下午，弹药库突然大爆炸，整座弹药库被炸为废墟。弹药库爆炸的原因在当时成为了不解之谜，直到战后，一家美国的军事报刊解开了这个谜题：当时在清理弹药库废墟的时候，苏军士兵发现一个巨大的弹坑，这个弹坑正好位于地下弹药库上方，爆炸的连锁反应摧毁了整个弹药库。后来盟军根据搜集的资料和口供，才得知了发射这枚子弹的这门巨炮的名字——古斯塔夫列车炮。

THE TRAJECTORY OF CONTRACT

[轨迹契约] GUSTAV 古斯塔夫列车炮

"GUSTAV"RAILWAY CANNON WAS DESIGNED BY RUSSIAN KRUPP FAMILY

疯狂镇压

古斯塔夫巨炮又名“朵拉”炮，1944年华沙起义，德军在面对苏联重兵压境，自身难保的情况下，为镇压波兰人民的反抗，用这种超级大炮对起义民众进行轰炸。1945年4月，德国工程师为避免大炮被缴获，拆除了“朵拉”炮，据说熔化这门炮就用了七天七夜。

古斯塔夫巨炮

- 总重1350吨
- 口径800毫米
- 最大射程47千米

K5 列车炮

- 总重218吨
- 口径283毫米
- 最大射程61千米

1 炮车

列车炮在实战时整个火炮必须搭配在特制的炮车上，炮车是两个板车并列在两座轨道上。

2 弹药

弹药分为攻击掩体的穿甲弹与对付一般目标的高爆弹两种，还有一种是可发射一款超程火箭的增程弹。

3 装弹机

实验弹道性能时，装弹机还不完善，只好用一台起重机把炮弹吊送到炮身尾部，再用一辆轻型坦克将炮弹推到炮膛里。

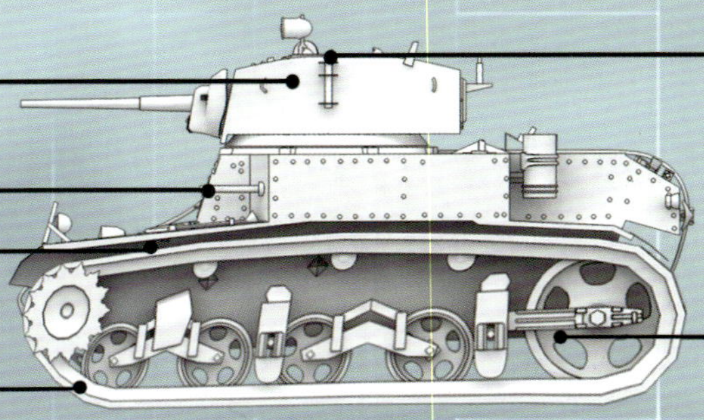

2 驾驶舱盖

该坦克采用向外推开的驾驶舱盖，这样的设计可以使舱盖接缝处更加坚固，并将驾驶舱盖移到上方。

1 负重轮

每侧有6个负重轮分为3组，主动轮在前，诱导轮在后，主动轮前置和车体上有突出的炮座。

亲密的朋友

M3系列轻型坦克是第二次世界大战中使用最广泛的轻型坦克之一，曾被英军骑兵团誉为“亲密的朋友”。“二战”后，玻利维亚、巴西和韩国等国家和地区的军队仍在使用M3轻型坦克。

M3

- 炮塔铆接结构
- 顶部有小指挥塔
- 两侧配有机枪

M3A1

- 炮塔焊接结构
- 顶部无小指挥塔
- 两侧无机枪

THE STUART

[斯图亚特] M3 轻型坦克

THE NICKNAME OF M3 LIGHT TANK IS CALLED “SWEETHEART”

“二战”之初，欧洲形势越发紧张，美军意识到M2轻型坦克已经过时，整体升级计划迫在眉睫，于是美国对1938年推出的M2A4轻型坦克设计的基础上进行强化，新的坦克被命名为M3轻型坦克，并于1941年3月至1943年10月间生产。M3轻型坦克是第二次世界大战中，美国制造数量最多的轻型坦克。并以美国南北战争名将斯图亚特为M3坦克命名。在英国，它同时拥有“甜心”的非官方昵称。

3 引擎

采用两具新版本的凯迪拉克七汽缸辐射型引擎（星形发动机），1941年有约500辆的M3坦克改装吉伯森T-1020柴油引擎。

早期的装甲制造技术

M3采用铆接结构的装甲板，坦克炮塔的装甲结构经历了铆接—铸造、铸造—焊接的发展过程。早期坦克装甲厚度大都在6毫米~30毫米左右，装甲倾角很小。那时还没有专门研制的反坦克武器，各国陆军主要依靠地面压制火炮进行反坦克作战，坦克制造技术水平也不高，坦克装甲一旦中弹崩落的铆钉就可能造成乘员的死伤。

驾驶舱的设置

“黑豹”驾驶员位于车体前部左侧，上方有1个舱门，门前有2具潜望镜，右边是机电员，机电员上方有1个出入门，门前装2具潜望镜。炮塔顶部有桶状指挥塔，没有装潜望镜，只有瞭望缝，火炮瞄准镜为TZF12型双目瞄准镜。1944年3月，黑豹G型坦克开始生产，重新设计顶部舱口，去掉驾驶员观测口，安装旋转式潜望镜、新的排气装置以及发动机盖布局和突起的风扇盖。

2 指挥塔

炮塔顶部左后方装有桶状指挥塔，指挥塔上没有装潜望镜，指挥塔主要用来观察敌情，机枪射击，作战指挥。

1 减震器

为改善坦克行驶平顺性，悬架中与弹性元件并联安装减震器，主要用来抑制弹簧吸震后反弹时的震荡及来自路面的冲击。

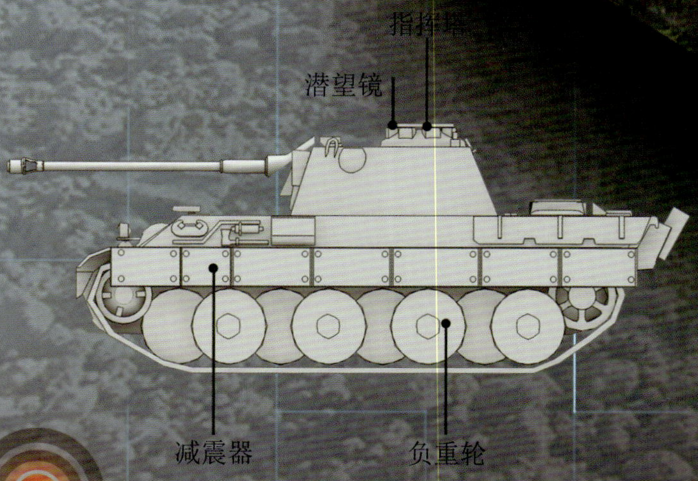

THE CLASSICS

[传世典范] PANTHER 黑豹中型坦克

"BLACK PANTHER"MEDIUM-SIZED TANK IS A FORMIDABLE TANK

1941年6月，德国入侵苏联，装甲部队很快遭遇了苏军KV系列坦克的紧攻，装甲火力均优于德军坦克。希特勒下令戴姆勒–奔驰和MAN公司同时设计一款新型坦克，1942年5月14日，由MAN公司设计的样车被选中并命名为黑豹中型坦克。1943年9月13日科洛马克附近，7辆黑豹坦克同苏军大约70辆T–34坦克作战，28辆T–34坦克被摧毁，但黑豹坦克无一损伤，可见它的威猛。

黑豹中型坦克

- 最大速度30千米每小时
- 全焊接钢装甲
- 重44.8吨

虎式重型坦克

- 最大速度35千米每小时
- 镍合金钢装甲
- 重56吨

3 负重轮

采用了交错重叠式的负重轮排列，双扭杆独立式悬挂装置提高了其在不良地形高速行驶能力。

强大的战斗力

诺曼底战役中，美国人和英国人吃尽了"黑豹"的苦头。1944年7月1日中午，一辆德军黑豹坦克在诺曼底西部的海滩上和至少30辆M4A3中型坦克在相互开火，只用了30分钟，黑豹坦克就把17辆美军坦克打成了废铁，而"黑豹"却在暴露了后装甲的情况下在美国人的炮口下逃跑了，可见黑豹坦克的防御力和战斗力之强。

DEEPEN GRINDING

[深邃展掠] M4中型坦克

M4 MEDIUM-SIZED TANK GOT ITS PLACE IN THE HISTORY OF TANKS

1940年8月下半旬，M3坦克开始大规模生产后，美国开始了新型坦克的研制工作。军方要求，将75毫米火炮装在旋转炮塔上，研制代号为T6中型坦克，1941年9月，T6坦克定型并被命名为M4中型坦克，通称“谢尔曼”，又译“雪曼”。这个名字是英军起的，来源是美国南北战争北军的将军威廉·特库赛·谢尔曼。M4坦克第一次参战为1942年10月的第二次阿拉曼战役，在“二战”后期的坦克战中，M4坦克发挥了重大作用，因而在世界战车发展史上，占有一席之地。

M4坦克

- 全重30吨
- 最大速度48千米每小时
- 长度5.92米

M4A3坦克

- 全重33.65吨
- 做大速度42千米每小时
- 长度7.54米

被遗弃的M4

战后美军对M4中型坦克经过一番评估后，认为将已经部署在境外的M4坦克运回国内成本高于制造新的M4坦克，美国境内不需要那么多的坦克，许多M4坦克被留在境外当做是军用剩余物资兜售给当地政府，卖不掉的或者损坏的就任意弃置在原地。

改良后的炮塔优势

M4坦克是在M3坦克的基础上研制成功的，M4坦克与M3坦克最大的区别在炮塔上，M4坦克的炮塔为整体铸造炮塔，圆弧过渡，尺寸上比M3坦克的炮塔要大得多。炮塔上安装了回转稳定器，炮塔转座的球轴承架安放位置凹入了车体，用以避免敌人的火力伤害。75毫米炮垂直方向的转角范围可达90度，并且手动的摇动仰角装置操作非常灵活。

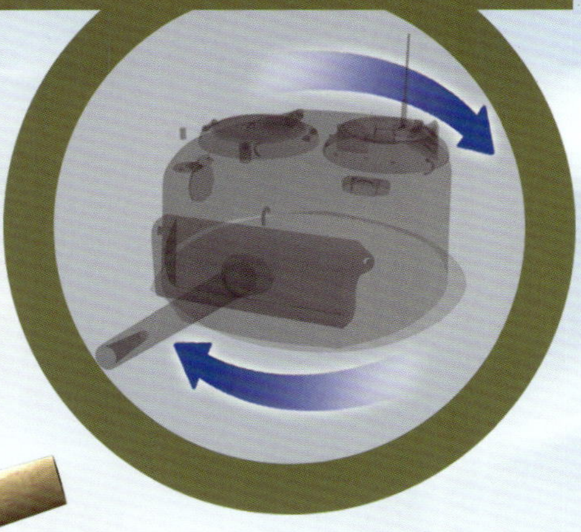

3 履带

在野地、沙漠上，甚至多山环境，橡胶履带依然能通过德国坦克所不能通行的地形，并保持较高的速度。

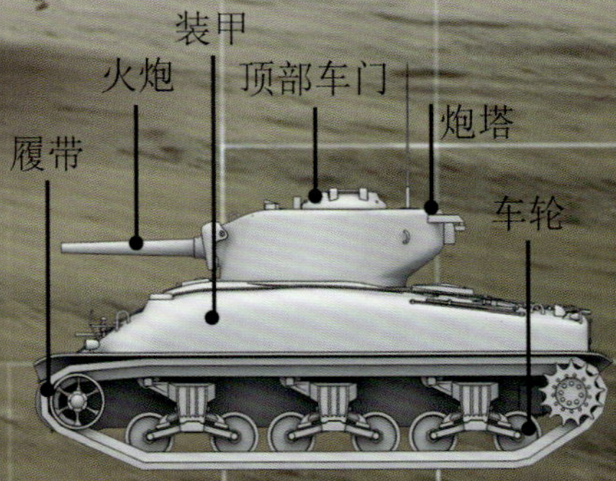

1 外形

较高的车身外形使它不易躲藏，因被击中后容易燃烧甚至爆炸而被德军戏称为"汤米烤肉炉"。

2 灭火器

车内装有2套固定式的10磅（约4.5千克）灭火器，可以由驾驶员在操作台上开启；紧急情况时也可以在外部开启。

1 轮胎

轮胎为泄气保护轮胎，并可以选装轮胎气压中央调节装置，通过调节轮胎的气压使轮胎能够减少压力。

2 动力装置

动力装置是一台功率为110千瓦的6.2升V8水冷柴油机和自动变速器，方向盘带动力转向助力，操纵极为轻松。

20世纪70年代末，美国陆军根据越战经验，开始研发新一代轻型多用途军车，当时军方所要求的军用车是需要符合高机动性、非履带式等要求，经过在内华达州沙漠进行的32 000千米全面测试，其出色表现给美国军方留下了深刻印象，它就是HMMWV多用途巡逻车。1983年，AMGeneral公司赢得了最初生产55 000辆HMMWV的合同。至今，HMMWV系列车辆车产超过14万辆，美军装备了10万辆，余下的出口到30多个国家和地区。

THE KING OF OVERLAND

[越野王者] HMMWV多用途巡逻车

HMMWV MULTIPURPOSE CAR EXPORTED TO MORE THAN 30 COUNTRIES

SHOUTING IN STRONG FLOW

[强流喷杀] M4"SHERMAN" 喷火坦克

M4 "SHERMAN" FLAMING TANK GAVE A DECISIVE ROLE IN BATTLE

1944年9月正在准备次年冲绳登陆战的美军提出改装54辆M4"谢尔曼"中型坦克，要求保留主炮但加装喷火器，不改变坦克的识别特征，于是M4"谢尔曼"喷火坦克诞生。美国的M4"谢尔曼"中型坦克是"二战"中后期的著名坦克，后期改进的M4"谢尔曼"喷火坦克在夺取关岛战斗期间取得了决定性的作用。

不拆除主炮的喷火坦克

M4"谢尔曼"喷火坦克是将喷火器的喷筒放在75毫米主炮炮筒内，利用压缩空气的压力，将燃油喷出，在炮口处由点火器点燃，喷发出火焰，战斗中虽然喷火器喷射的距离和持续时间都不如其他专用的喷火坦克，但由于并未拆除主炮，火力依然十分强大，喷火坦克主要用于近距离喷射火焰，杀伤有生力量和破坏军事技术装备。

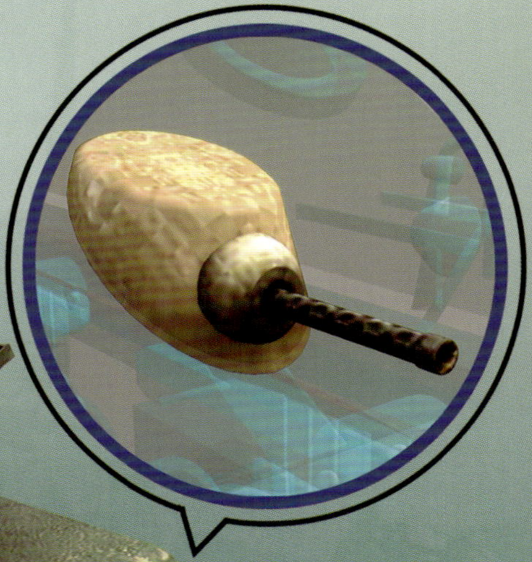

M4型喷火坦克

- 炮塔大，整体铸造
- 火炮装在旋转炮塔上
- 综合性能好

M3中型喷火坦克

- 炮塔小，非整体铸造
- 火炮装在炮座内
- 综合性能差

ONE STANDS FOR THOUSANDS

[一骑当千] KING-TIGER 重型坦克

“KING OF TIGER”TANK WAS DESIGNED BY CHINESE PEOPLE ALONE

德国重型坦克发展计划最早开始于1937年。1941年5月26日，在希特勒召开的一次军事会议上，新式重型坦克发展计划正式起步。在此次会议上，希特勒提出新式重型坦克的设计要求，具有强大的击穿敌人坦克的火力，无法击穿的厚实的防护装甲，最大速度不低于40千米每小时。由于虎I坦克在战场上的成功，导致了新型坦克发展的进度放慢，1943年1月，替代虎I坦克的新式重型坦克的设计才真正开始，它就是虎王坦克。

虎王重型坦克

- 车长7.374米
- 主炮为KwK43型88毫米火炮
- 发射速度每分钟6~7发

潘兴T26E3重型坦克

- 车长6.807米
- 主炮为90毫米M3型坦克炮
- 发射速度每分钟8发

火炮

安装了一门88毫米KwK43/L71型坦克炮，该88毫米炮的71倍口径身管长为6.3米，使用的弹种有穿甲弹、破甲弹及榴弹。

虎王坦克

虎王重型坦克和虎式坦克、象式坦克歼击车一样，都拥有强大的火力和坚固的防护，致命弱点都是机动性太差，虎王坦克对整个战争的形势并未起到关键作用，更无法去挽救纳粹德国必然灭亡的命运，但就技术和战场表现而言，虎王坦克仍不失为一种令人生畏的坦克。

虎王坦克的装置特征

虎王重型坦克的行动装置包括双扭杆独立式弹簧悬挂装置，和液力减振器，车体每侧有9个直径800毫米的负重轮，负重轮分为两排，交错排列。主动轮在前，诱导轮在后，每条履带由92块履带板组成。这一套装置使虎王坦克能够在原地做旋转动作。

4 装甲

虎王坦克的车体和炮塔为钢装甲焊接结构，防弹外形较好，正面装甲厚度比虎式坦克有较大提高。

3 履带

装备两种履带，用于铁路运输的660毫米窄履带以及更宽的800毫米战斗履带，使用极为不便。

2 瞄准镜

最初安装了双目TZF9b/1型观瞄镜，后来换装为单目TZF9d型观瞄镜，火炮射界为+17度到-8度。

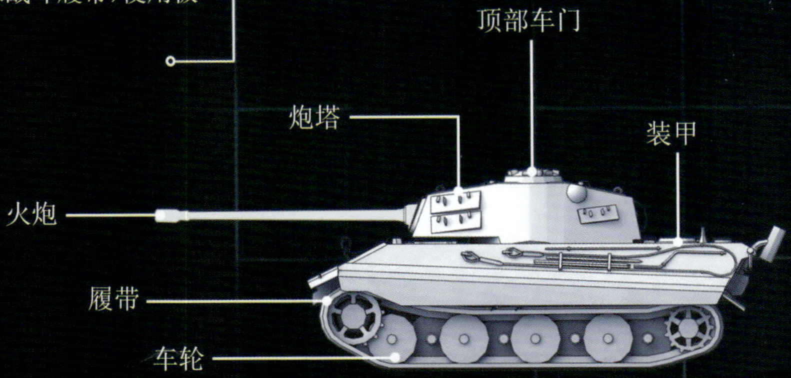

对德国坦克有趣的评价

关于“斐迪南”的诞生，《世界坦克和战斗车辆百科全书》的主编克里斯托弗·福斯曾有过一段很有意思的评论：“德国人在坦克设计上无效劳动的一个表现，就是有的制造厂常常生产出不符合部队需要的车辆”，虽然多少有些嘲笑德国人的意思，但斐迪南坦克歼击车的有些性能也确实不尽如人意。

1 身管

火炮身管较长，尽管战斗室已经后移，但炮口仍然超出前甲板1.22米，这一点对战车通过障碍物极其不利。

斐迪南式坦克歼击车

- 战斗全重65吨
- 乘员6人
- 最大速度30千米每小时

KV－1重型坦克

- 战斗全重43.5吨
- 乘员5人
- 最大速度35千米每小时

独特的齿轮布局

斐迪南式坦克歼击车诱导轮的结构和布置很有新意。诱导轮制成带齿状，十分罕见，其优点是可以防止履带“掉链子”。但是，缺点是增大了履带的摩擦损失。另一方面，将诱导轮的位置调的较高，有利于克服障碍物。

2 装甲

正面装甲厚达200毫米，可以抵御盟军任何坦克的攻击。但除了正面装甲，其余部位还是“有隙可击”的。

SNIPER HUNTING

[潜行狙击] FERDINAND

斐迪南式坦克歼击车

"FERDINAND" TYPE TANK WEAPON HAS ESTABLISHED ITS RIGHTFUL PLACE

斐迪南式坦克歼击车在库尔斯克战役中首次亮相。德军莫德尔元帅麾下90辆斐迪南式坦克歼击车开赴前线，在突破苏军防御阵地战斗中发挥了很大的作用。“这种重型坦克歼击车像一头出笼的猛兽，奔驰在库尔斯克大草原上。”这是斐迪南式坦克歼击车在库尔斯克战役中生动写照。尽管斐迪南式坦克歼击车有很多缺点，但不失为“二战”中极富特色的装甲战斗车辆，在世界战车发展史上确立了应有的地位。

3 电传动装置

具有连续自动变速和转向的功能，当发电机电压一定时，只要控制发电机的电流，便可以控制转速和扭矩。

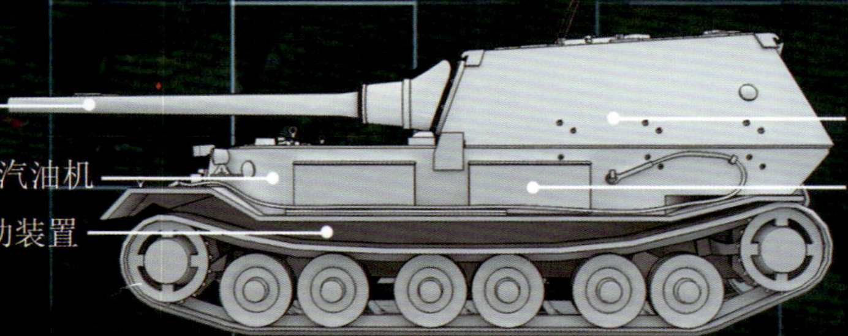

IN THE WILDERNESS

[荒野迅雷] SU-152自行火炮

SU-152 SELF-PROPELLED GUNS ARE ACTIVE IN ANTITANK COMBAT

20世纪40年代,面对德军新式坦克的种种威胁,苏联开始研制一种名为KV-14的新型自行火炮,装备一门152毫米ML-20型火炮,可以在2000米之内垂直击穿110毫米的装甲。1943年2月初,原型车KV-14开发完工,2月14日,GKO批准KV-14突击炮正式生产装备部队,并重新命名为SU-152自行火炮。3月1日,开始量产SU-152。尽管开发目的是对步兵实施火力支援,但后期也活跃于反坦克作战中。

SU-152自行火炮

- 全长8.95米
- 总重45.5吨
- 最大速度43千米每小时

SU-85自行火炮

- 全长9.18米
- 总重29.6吨
- 最大速度55千米每小时

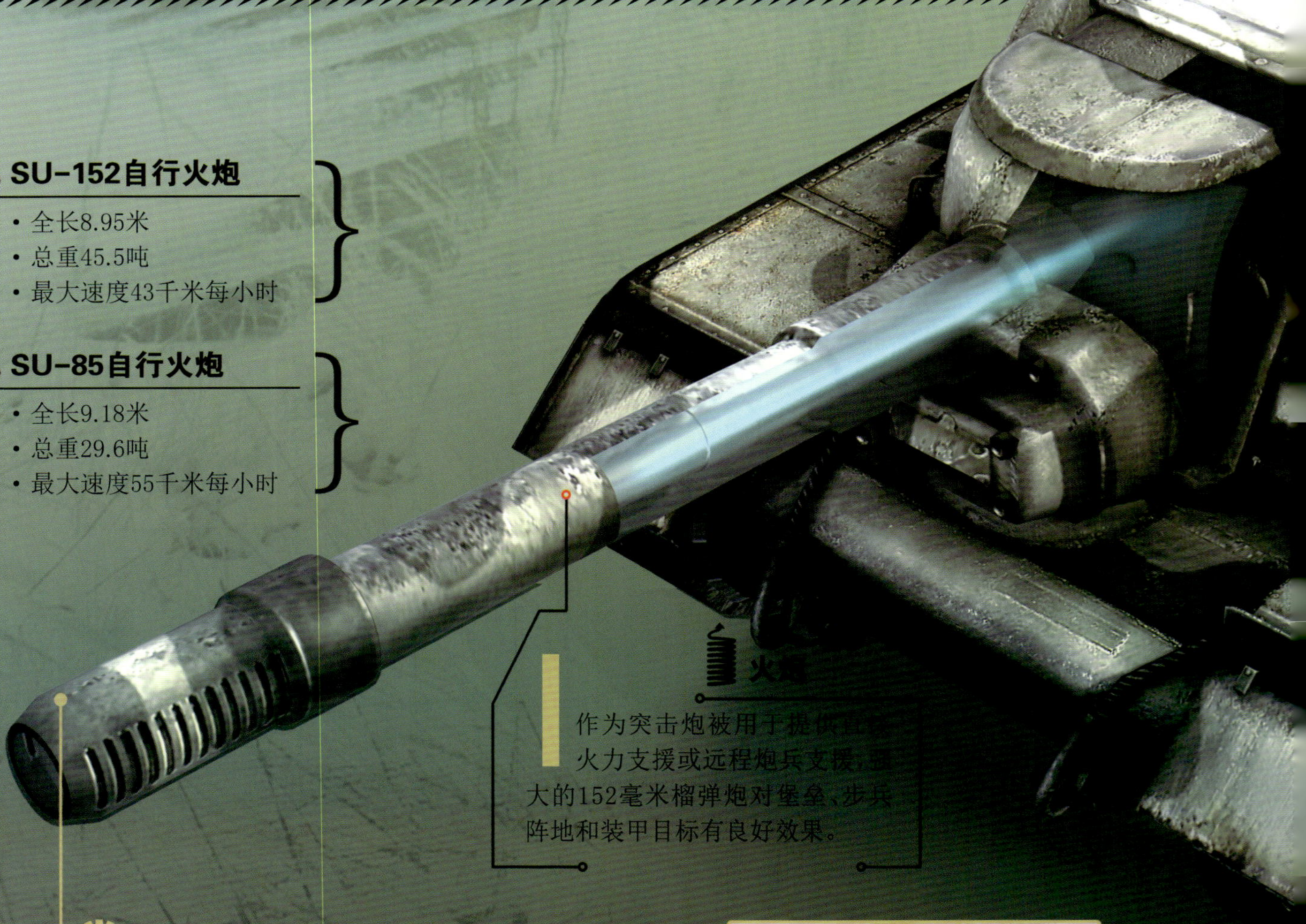

火炮

作为突击炮被用于提供直接火力支援或远程炮兵支援,强大的152毫米榴弹炮对堡垒、步兵阵地和装甲目标有良好效果。

"动物猎人"的由来

1943年5月,苏联组建了第一个装备这种新型突击炮的团。SU-152是备受苏军坦克手欢迎的自型火炮,首次参加库尔斯克战役,便成功击毁德军的新型坦克("虎""豹""象"),因德军坦克多取名为动物,所以SU-152被苏联传媒宣传为"动物猎人"。

2 装甲

装甲完全包覆着乘员作战舱，前装甲倾斜以增强防护，驾驶员坐在车身左方，他前方的装甲上开有窥视孔。

烦琐的装弹过程

SU-152自行火炮采用的ML-20火炮，由于火炮后坐力很大，该车没有坦克炮塔结构，安装的是火炮的隔舱，并采用了复杂的装填方式，ML-20火炮每分钟的射速仅为2发，炮弹需要人工搬运才能放入炮膛，放入之后弹壳会从炮膛内退出，整个操作过程十分复杂。

ARMORED SOLDIERS

[笑傲群雄] M22空降轻型坦克

AMERICAN M22 AIRBORNE LIGHT TANK HAS A REFERENCE VALUE

1941年2月，美军决定研制空降坦克，就是用运输机或滑翔机将坦克运抵敌后方发动攻击，但因为没有适当的运输机而一度中止。英国人得知此事后，积极促进此事，终于使美国军方得以继续开展研制工作。美国马蒙-惠灵顿公司于1941年5月制成了第一辆样车，被称为T9轻型空降坦克。后定名为M22空降轻型坦克。美国M22空降轻型坦克作为世界上第一种专门设计的空降坦克，在火力、机动性和防护方面均适合空降作战的需要，对后来世界各国开发空降坦克具有重要的参考价值。

唯一一次战争经历

马蒙-惠灵顿公司生产了830辆M22坦克，有570辆装备美军，260辆装备英军。然而，美军的M22坦克一次也没有投入实战。倒是英军的M22坦克于1945年3月24日参加了莱茵河战役，参加作战的是英军的第六空降师。这是M22坦克唯一一次投入实战的战例。"二战"之后，M22空降坦克便退出了现役。

火炮

采用1门37毫米坦克炮，高低、射界为-10至+30度，方向射界360度，主要弹种为钨合金穿甲弹，弹药基数50发。

空降坦克的运输方式

空降坦克的运输方式有三种：一种是把它装在直升飞机的“肚子”里，待飞机降落停稳后，它再从飞机里开出来；一种是用铁锁把它吊在直升飞机的“肚子”外面，到达目的地后，飞机慢慢下降，待坦克着陆后，解开铁锁，飞机再飞往别处；第三种方法就是用降落伞把坦克从飞机上空投下来，这种降落伞是专门为坦克制做的，大而坚固，足以托起坦克的重量。

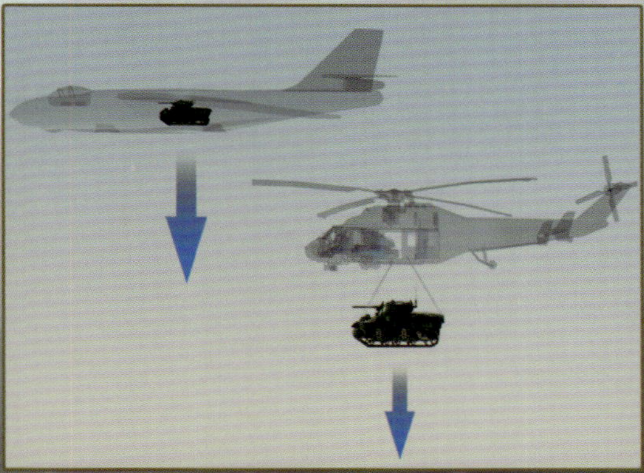

3 变速箱

M22空降轻型坦克变速箱有4个前进挡和1个倒挡，通过液力传递和齿轮组合的方式来达到变速变矩。

2 悬挂装置

平衡式悬挂装置，每侧有4个负重轮和两个拖带轮，主动轮在前，诱导轮在后，坦克的最大速度为56.4千米每小时。

M22空降坦克

- 有转向稳定器和车体机枪
- 有钨芯穿甲弹和高爆榴弹
- 反坦克杀伤力强

领主空降坦克

- 无转向稳定器和车体机枪
- 无钨芯穿甲弹和高爆榴弹
- 反坦克杀伤力差

MKVⅡ克伦威尔巡洋坦克

- “流星”V-12型汽油机
- 速度64千米每小时
- 57毫米火炮

英国彗星巡洋舰

- 劳斯莱斯流星汽油机
- 速度50千米每小时
- 77毫米火炮

早在十字军坦克投入实战(1941年6月)前,英国陆军便在1940年委托纳菲尔德公司研制可取代十字军的新式巡洋坦克,其战术性能要求是:可抵御德国四号坦克75毫米短身管炮的射击,能安装57毫米炮并具有与十字军坦克相同的机动性能。但新式巡洋坦克设计初期并不成功,几经改良后,才在1943年1月生产出厂,即为后来的克伦威尔巡洋坦克,该坦克在英国坦克发展史上有着承前启后的作用。

COMPETING IN THE WAR

[角逐境地] MK VII 克伦威尔巡洋坦克

THE DEVELOPMENT OF "CROMWELL" MKVII CRUISE TANK IS VULUABLE

发动机与变速箱之间

MKVII巡洋坦克的传动装置主要由离合器、变速箱、转向机构等组成。主离合器是安装在发动机与机械变速箱之间的摩擦式联轴器，通过操纵装置控制其分离或结合，分离时便于启动发动机和换挡，结合时传递发动机扭矩，并借助结合摩滑使坦克平稳起步，加速和减轻传动装置过载。

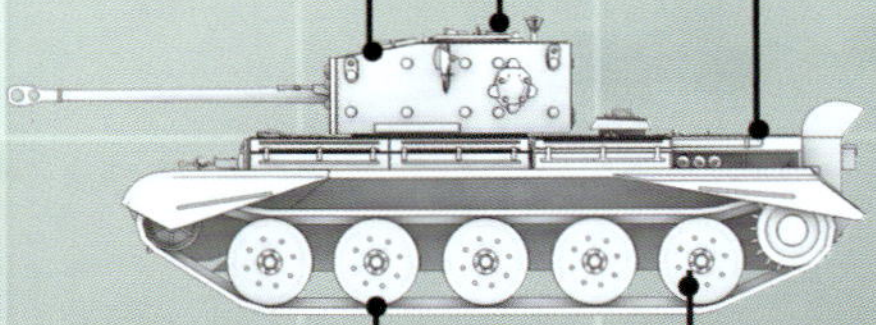

2 机动性

这种坦克被设计用于纵深穿插，使坦克兵们喜欢它的速度和机动性。

1 炮口制退器

增装了炮口制退器，一般安装在炮口部，作用是减小后效期火药燃气能量对火炮后坐部分的冲量。

战役接替

1944年6月6日，盟军在诺曼底登陆，英军第6空降侦察团装备的提特拉奇坦克随军作战，由特制的哈米尔卡滑翔机作为运输平台，8辆坦克被配置在攻击奥恩河的两次战斗中，并采用增加帷帐保护发动机不进水，在登陆后为拆卸这些帷帐，浪费很多时间，由于不适宜战场多变情况，很快就被克伦威尔巡洋坦克所取代。

THE TANK HUNTER

[破甲洪魔] M36 反坦克歼击车

M36 "JACKSON" ANTITANK IS SERVED FOR AMERICAN SOIDERS

"二战"后期，一种新型的坦克歼击车深受美国士兵的喜爱。美军装甲部队之所以推崇这种坦克，是由于其具有强大的穿甲威力和出色的机动性能。一位欧洲前线的美军装甲兵部队司令官曾紧急请求过："请火速装备这种坦克，哪怕是只装备一辆也行"，迫切的心情溢于言表。这个坦克宠儿就是著名的M36"杰克逊"反坦克歼击车。1944年下半年，M36坦克开始装备欧洲战场上的美、英和加拿大军队。

M36反坦克歼击车

- 战斗全重28.4吨
- 战斗室内有炮塔吊篮
- 最大行程249千米

M10反坦克歼击车

- 战斗全重30吨
- 战斗室内无炮塔吊篮
- 最大行程300千米

3 发动机

位于车体后部，其动力通过一根很长的传动轴传至位于车体前部的变速箱，然后再传至差速器和主动轮。

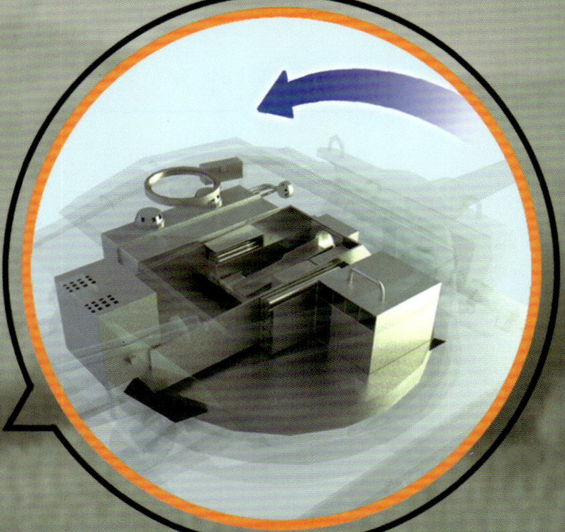

炮塔内部空间的合理安排

为了增加炮弹的数量，并使坦克内的空间不那么拥挤，M36坦克把部分弹药置放车身侧部，这样的设置以及摆放，既为坦克备弹提供了便利系统，也可增加车内使用面积及乘员的活动空间，是非常合理的人性化设计。

M36 坦克的战后功绩

“二战”结束后，M36坦克并没有被废弃，很多国家和地区仍装备M36坦克，其中装备最多的就是南斯拉夫人民军，并且一直服役到20世纪90年代。

2 悬挂装置

采用平衡式悬挂装置，每侧有6个负重轮，两个算作一组，上支履带有3个托带轮，主动轮在前，诱导轮在后。

1 火炮

采用M3式90毫米坦克炮，身管长为52.5倍口径，弹药基数47发，主要存放在炮塔后部的弹舱内。

THE STRONG TIGER

[猛虎奋迅] STURMTIGER 突击虎自行火炮

STURMTIGER GOT THE DEVASTATING BOMBING BY THE ALLIES

1943年，德军在斯大林格勒的巷战中陷入危机，希特勒下令研制出了灰熊步兵突击炮，但其破坏力仍然无法满足军方要求，于是另起炉灶利用虎Ⅰ坦克底盘研制出了重型突击炮车——突击虎。突击虎自行火炮是一款很优秀的坦克，但由于位于柏林的工厂遭到了盟军的毁灭性轰炸，所以只生产了18辆，未对整个战争局势造成太大影响。

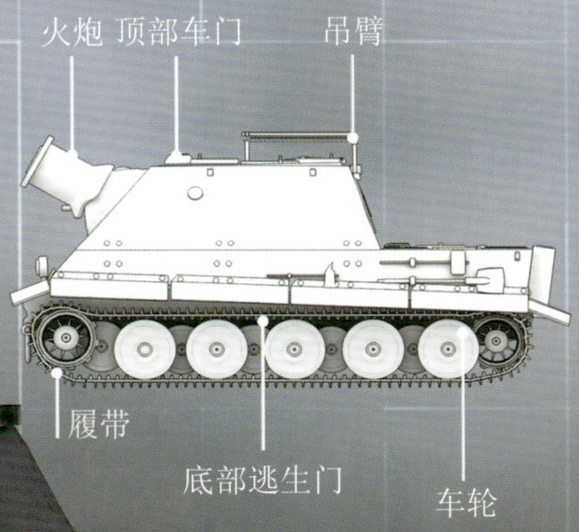

1 装甲

突击虎自行火炮被设计出来是为在街道区推进，装甲必须厚到适合近距离作战，所以它的正面装甲厚达150毫米。

2 吊臂

车体后面的小吊臂，用途就是把几乎有350千克重的火箭弹吊起来，经过给弹舱口放置到载弹板上，再准备进入后膛。

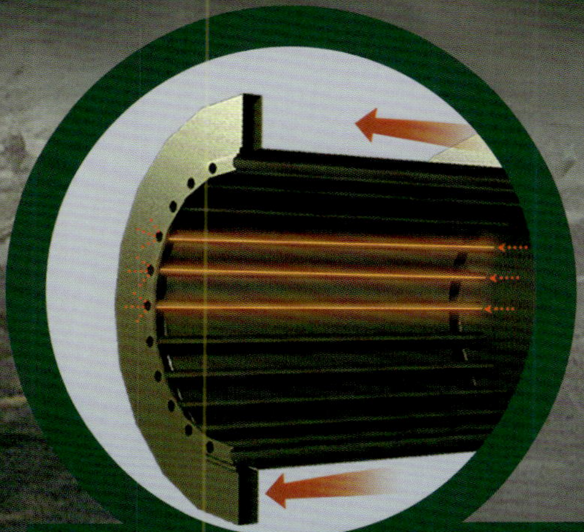

神奇的气孔

突击虎自行火炮的前端有个特殊的外观，炮口外有一圈排气孔，排气孔是为了促使毒瓦斯排泄与降低膛压。设计这圈排气孔是因为火箭发射时会产生高压且有毒的废气瓦斯，如果发射后贸然打开炮栓只会造成全车官兵悲剧性的下场。发射时的废弃瓦斯会造成过高的膛压，对坦克本身也会造成损害。

突击虎

- 梅巴赫HL210/P45汽油发动机
- 悬挂系统为扭力棒
- 重量65吨

虎王坦克

- V12梅巴赫HL230 P30发动机
- 悬挂系统为扭力棒
- 重量9.8吨

神奇的掩护措施

说"突击虎"是防卫武器不如说它是"被固定住朝天空发射的大型手枪"。每个弹舱中可以置放制造掩护的烟幕，或者装置曳光弹发射攻击、会师或者求救讯号，如果敌人包围"突击虎"坦克时，乘员可从车内发射高爆榴弹，这个高爆榴弹会一飞冲天，在两层楼高的高度爆炸，散射出许多碎片以杀伤包围车辆的步兵。

KILLING INTENTION

[深壕杀机] CHEETAH

猎豹坦克歼击车

THE TYPE "CHEETAH" TANK WAS THE BEST TANK IN WWII

1943年10月20日，在阿利斯试验场，希特勒检阅了新改进的坦克样车，该坦克采用黑豹坦克的底盘，增加了一种新的上部结构。该样车是1942年1月由克虏伯公司开始设计，1943年12月17日定名为猎豹坦克歼击车，可惜由于生产过晚，战术运用的错误与后勤的严重脱节，使得猎豹坦克歼击车终究未能像虎式坦克一样成为盟军望而生畏的武器，但许多专家认为它是优秀的坦克歼击车。

猎豹坦克歼击车

- 乘员5人
- 全长9.87米
- 重45.4吨

斐迪南坦克歼击车

- 乘员6人
- 全长8.14米
- 重68吨

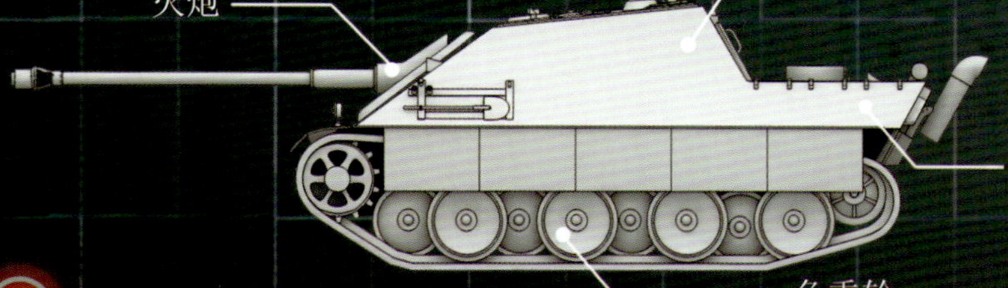

2 火炮

采用1门71倍口径的长身管88毫米火炮，身管长度和“虎”2坦克一样，可以击穿“二战”中重型坦克的主装甲。

3 炮管制退器

能够缓冲坦克开炮后坐力，一定程度可以迅速挥发掉火焰、烟气，使自己不轻易暴露，隐蔽性得到提升。

猎豹的历史遗迹

“二战”后法国军队装备了一批“豹式”、“猎豹”以及“维修豹”等坦克，它们一直服役到50年代。早期型“猎豹”坦克可以在英国的帝国战争博物馆看到，也能在德国的蒙斯特和辛谢尔姆的博物馆看到，在美国的亚伯丁和瑞士的图恩坦克博物馆也能看到。

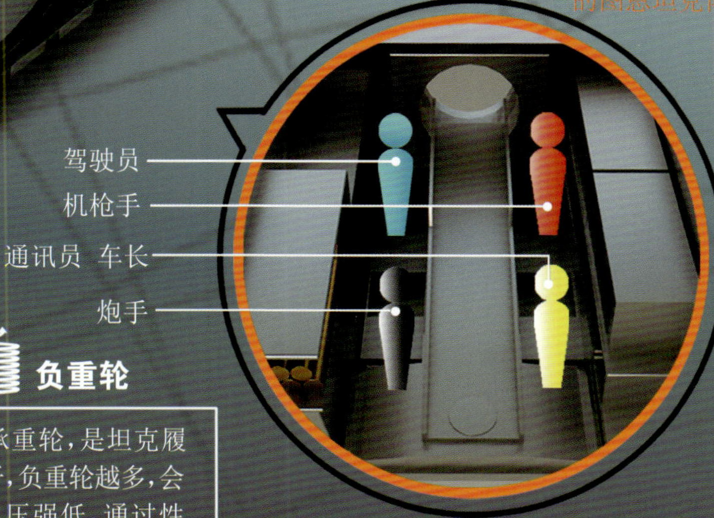

宽敞的舱内设计

猎豹坦克歼击车的战斗舱内有乘员5人，车长、炮手、装弹手、驾驶员和机电员。驾驶员坐在左前部，机电员或机枪射手坐在主炮的另一侧。炮手和装填手坐在他们后面，车长坐在战斗舱最后。由于车内设计宽敞，安排的合理得当，每个乘员在操作过程中都不会起冲突，这样的格局大大增加了作战效率。

1 负重轮

负重轮就是承重轮，是坦克履带中间的轮子，负重轮越多，会使履带更宽，所以压强低，通过性较好。

POSTERIOR

[后发制人]T-44中型坦克

TYPE T-44 TANK WAS DESIGNED ON THE BASIS OF SOVIET TANKS

20世纪40年代，苏军当时使用的T-34/85型坦克在与豹式坦克对抗中明显落于下风，为了抵抗德军的迅猛袭击，苏联从1944年初开始研发中型坦克，1944年7月18日正式定型，命名为T-44坦克。基于冷战时期保密的需要，T-44坦克的存在被刻意的隐藏，从未出现在公开游行的场合中，但是T-44坦克继承了T-34坦克的光荣传统，也开启了苏军战车的一个新时代，日后的T-54坦克、T-55坦克乃至于更新的苏联坦克都将它作为参考依据。

T-44型坦克

- 4名乘员
- 全重31.5吨
- 防护力强

豹式坦克

- 5名乘员
- 全重44.8吨
- 防护力弱

T-44坦克最大的特点就是采用了扭杆弹簧悬挂装置，扭杆式独立悬挂系统的原理在于通过管状材料表面形变获得弹性行程。扭杆一头刻有花键用于固定，另一头接平衡肘，能够实现上下的位移。扭杆悬挂系统的优点在于结构简单、占用车内的体积小。

扭杆式悬挂装置

1 舱门

车长在火炮的左侧，他们有各自的舱门或指挥塔门，舱门也采用厚装甲，出入更方便，乘员更安全。

2 履带

履带是由主动轮驱动、围绕着主动轮、负重轮、诱导轮和托带轮的柔性链环，履带由履带板和履带销等组成。

3 甲板

大倾角车体首上甲板，炮塔和车体正面主装甲加厚到60毫米，车体侧面采用垂直装甲板，并保持原倾斜甲板抗弹能力。

电影中的 T-44 型坦克

20世纪60年代以后，T-44坦克还有一个很有趣的用途——用来拍电影。当时，“二战”期间的T-34坦克已经所剩无几，而表现“二战”中大规模坦克战的影片又需要战争的大场面，在《解放》《莫斯科保卫战》等大型文献性电影巨作中，T-44坦克的“真车模仿秀”达到了以假乱真的程度。没有参加过实战的T-44坦克，在另一个“战场”上做出了新的贡献。

THE ARROGANT FLAME

[猎焰喧嚣] HUNTING TIGER 坦克歼击车

“HUNTING TIGER” TANK IS A HEAVY-DUTY SELF-PROPELLED GUN

20世纪40年代，德国为了远距离支援步兵和装甲战斗车辆，于1943年2月开始研制新型坦克歼击车。到1945年1月决定优先生产猎虎坦克歼击车时，德国的形势已恶劣到无法进行大规模生产了。猎虎坦克歼击车由于生产数量很少，仅在东线战场的德军向本土退却的战斗中及西线战场阻滞盟军坦克进攻中发挥了作用。猎虎坦克歼击车的意义在于它是“二战”中重型自行火炮的代表。

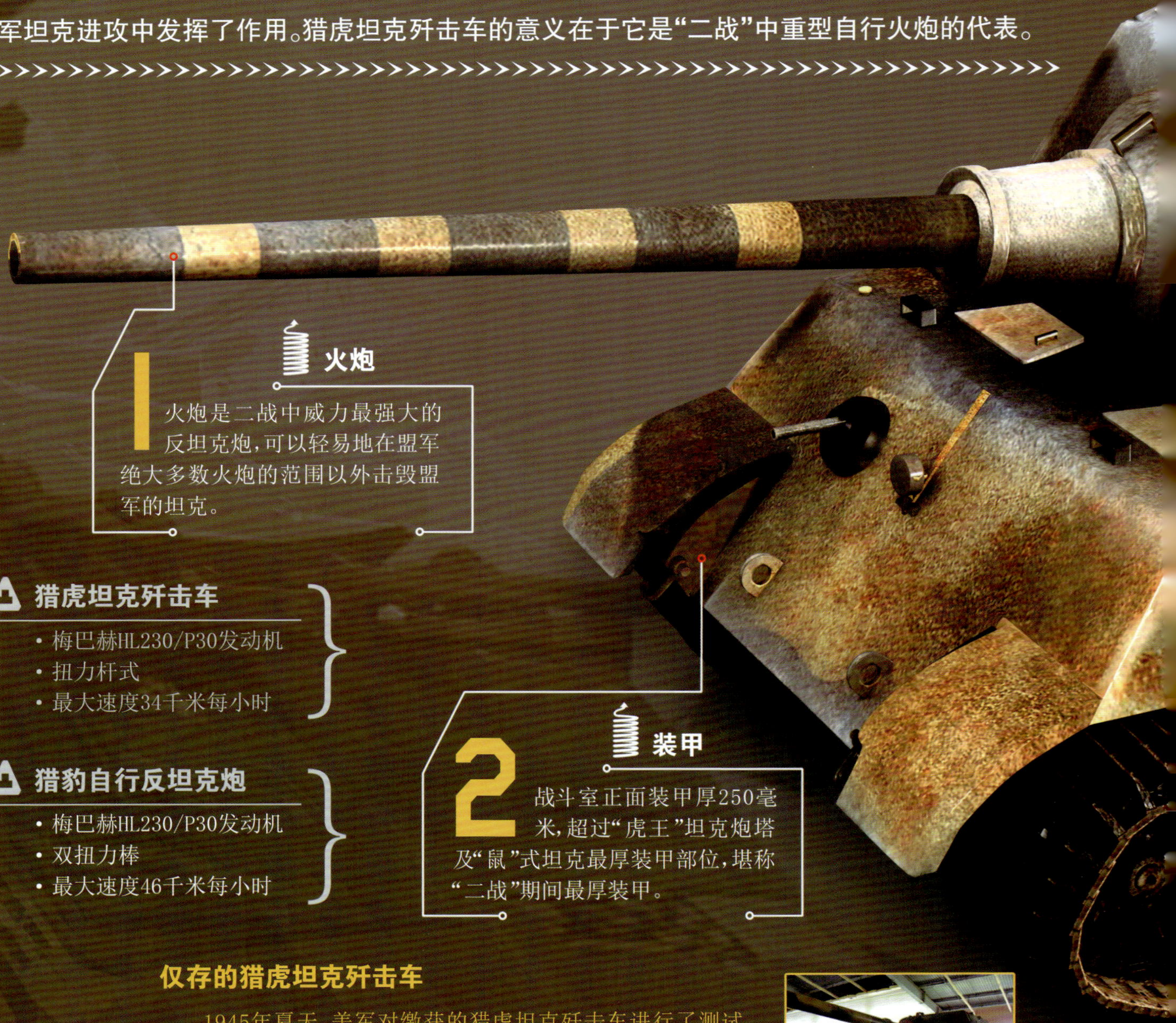

1 火炮

火炮是二战中威力最强大的反坦克炮，可以轻易地在盟军绝大多数火炮的范围以外击毁盟军的坦克。

猎虎坦克歼击车

- 梅巴赫HL230/P30发动机
- 扭力杆式
- 最大速度34千米每小时

猎豹自行反坦克炮

- 梅巴赫HL230/P30发动机
- 双扭力棒
- 最大速度46千米每小时

2 装甲

战斗室正面装甲厚250毫米，超过“虎王”坦克炮塔及“鼠”式坦克最厚装甲部位，堪称“二战”期间最厚装甲。

仅存的猎虎坦克歼击车

1945年夏天，美军对缴获的猎虎坦克歼击车进行了测试，发现它能在2100米的距离击穿美军M26重型坦克的前部装甲板。猎虎坦克歼击车在战后留存很少，但在英国的波维顿坦克博物馆有一辆作为展品。

独特的双扇舱门

“猎虎”坦克歼击车从总体布局上看，和“虎王”坦克相同，但是由于取消了旋转炮塔，侧装甲板一直延伸到车体顶部，再加上乘员增至6人，使得舱门位置有了相当大的变化，特别是在固定炮塔的后部开了一个较大的双扇舱门，便于乘员上下车和补充弹药，但对防护有一定影响。

3 战斗室

战斗室是乘员与外界作战的地方，战斗室中有车长、炮手和两名装填员，可见弹药装填任务相当繁重。

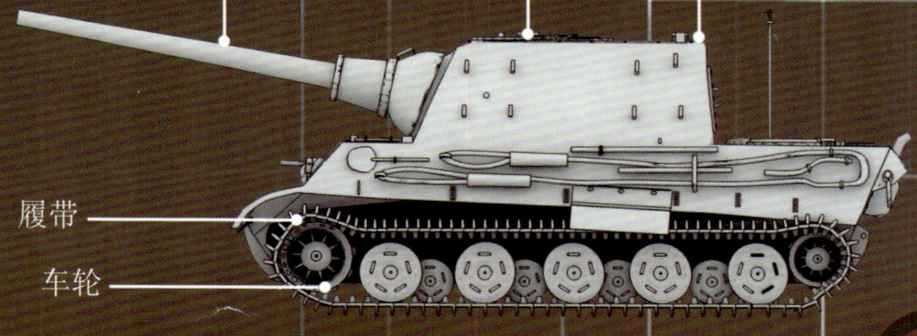

NEEDLE-TO-HEAD

[针尖麦芒] M26潘兴坦克

M26 "PERSHING" TANK DID NOT PLAY ITS ROLE IN THE WAR

1943年4月,美国为对付德国极具锋芒的虎式坦克开始改造搭载90毫米炮的T26新型重型坦克,后来的M26潘兴坦克就是它的改良型,1945年1月投入实战20辆,其低平而良好的防弹车形极具现代色彩,它的主炮威力和装甲厚度比起以往所有的美国坦克,都有质的提高。M26潘兴坦克装备于"二战"末期,由于服役晚,未发挥其作用。

M26潘兴坦克

- 重量41.9吨
- 悬挂装置是扭力杆
- 最大行程161千米

M46巴顿坦克

- 重量44吨
- 悬挂装置是扭力棒
- 最大行程130千米

实用的储物格

M26潘兴坦克比其他坦克优越之处是在装甲板上设计有四个储物格,坦克储物格的作用是可以将灭火器放置在里面,乘员也可以放置一些生活必需品,这样可以增大坦克内的活动空间,坦克乘员也可以在出现意外事故时迅速及时的找到所要的物件。

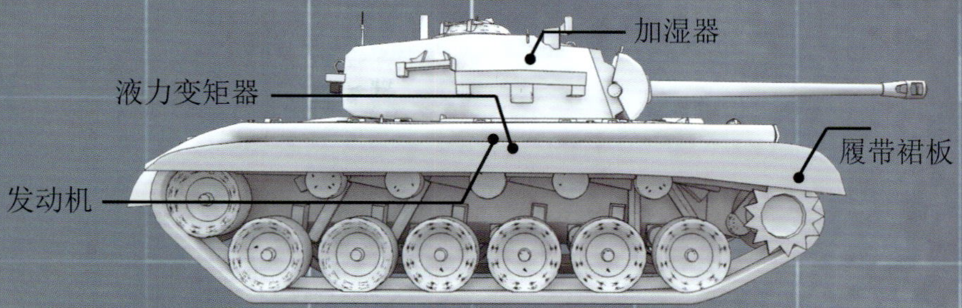

1 加温器

车内设有专用加温器，供驾驶室和战斗室的乘员取暖。

3 材质

M26坦克的车体为焊接结构成，侧面、顶部和底部都是轧制钢板的，而前面、后面及炮塔则是铸造的。

前装甲的“逃生门”

M26潘兴坦克在设计之初采用了多种人性化的设计考量，设计师开始把乘员安全放在首位，在坦克的前装甲设计紧急出口，M26“潘兴”坦克是第一个坦克前装甲设计逃生出口的坦克。

2 履带裙板

行动装置每侧面有6个双轮缘负重轮和5个托带轮，履带裙板由4小块组成，仅遮住托带轮的上部。

IN THE MIDDLE

[承前启后] T-29重型坦克

TYPE T29 TANK PLAYS AN INDISPENSABLE ROLE AS WELL

“二战”末期，美军在和德国装甲部队交手时吃尽了苦头，士兵们在战场上惊呼“虎Ⅰ”和“虎王”为“德国怪物战车”。美国便开始研制对抗德国坦克的新型重型坦克，1944年9月14日兵器委员会提议研制4辆重型坦克样车，其中就有T-29重型坦克。虽然T-29研制后并没有投入欧洲战场，但是却为战后工程师们测试炮兵工程理论提供了参考，为今后坦克的发展起到了不可或缺的促进作用。

T-29坦克

- 全重64吨
- 弹重17.7千克
- 火炮初速928米每秒

T-30坦克

- 全重63.4吨
- 弹重20.41千克
- 火炮初速700米每秒

T-29 重型坦克的现存品

如今有两辆T-29重型坦克作为展览品在美国展出，其中一辆拥有特殊的测距仪，位于佐治亚州的本宁堡基地中的美国国家装甲与骑兵博物馆前，另一辆无测距仪，位于密歇根州华伦市的底特律兵工厂内。

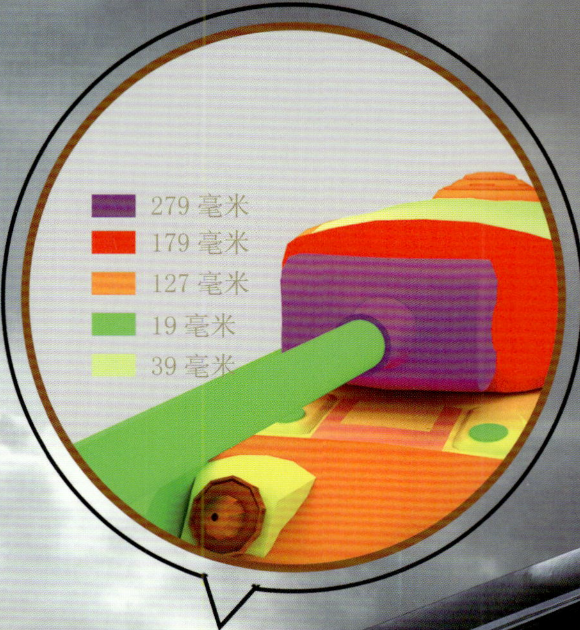

T-29坚固的防御功能

T-29坦克最初被设计用于对抗重型坦克，所以它拥有增强型的前装甲、防盾以及威力可以媲美“虎王”的长管炮，正面装甲厚178毫米，防盾是坦克防护手段中的重要一环，是弥补火炮与炮塔间防御缺口的重要手段，在实战中，T-29火炮防盾两侧的炮塔部分，被平均穿深200毫米级别的炮击穿是非常困难的。

2 变速箱

通用动力公司的EX-120变速箱；正常状态下驾驶员通过电控系统来操纵坦克，在紧急状态下使用机械手柄。

3 火炮

T5E1高速坦克炮发射17.69千克的T32穿甲弹时炮口初速928米每秒，发射T30E1高爆榴弹时初速767米每秒。

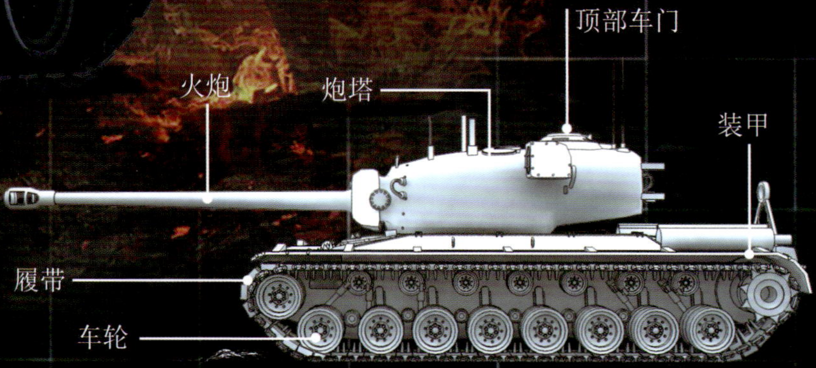

1 鼓风机

在两名驾驶员中间和车长后侧分别安装有一具鼓风机，每分钟能够鼓入42.45升的新鲜空气。

M40自行加农炮

- 全长9.1米
- 战斗全重36.3吨
- 最大射程23.5千米

M59加农炮

- 全长11.02米
- 战斗全重13.88吨
- 最大射程22.86千米

2 发动机

在换装大功率的R975-C4发动机后，M40最大速度能达到39公里每小时，杀伤力更是达到了惊人的速度。

桶状平衡器

在M40型155毫米自行榴弹炮研制进程中，由于M1A1型155毫米炮的炮管太长，使得火炮重心较为靠前，为此在炮身两侧装有两个较大的筒状平衡器。平衡器是一种吊挂重量较大的生产操作设备的辅助工具，可避免悬挂对象坠落，稳定重心，这也是所有M1A1式155毫米加农炮的特征之一。在自行化后的，M40自行加农炮上也能清楚地看到这两个筒状平衡器。

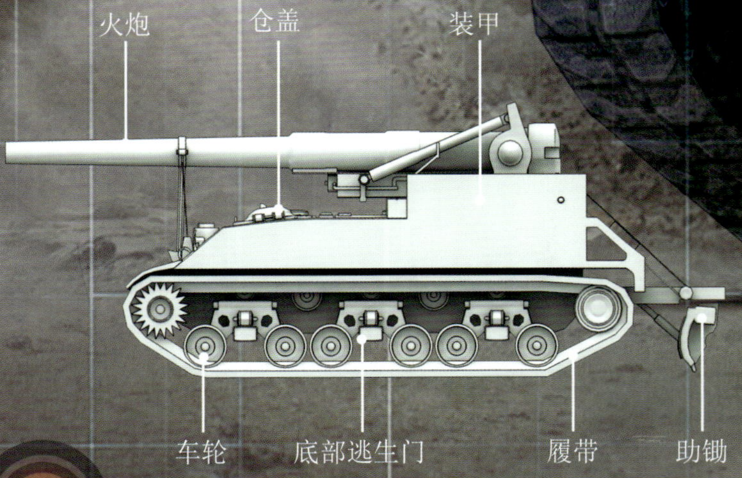

1 悬挂装置

使用牵引车牵引巨炮在恶劣道路行驶的能力极糟，为克服这一缺陷，美国考虑到了火炮自行化，于是采用配备了水平悬挂。

THE LONG-LEG TOM

[开创先河] M40 自行加农炮

M40 SELF-PROPELLED CANNONS PLAYED A ROLE IN KOREAN WAR

M12型自行火炮获得成功后，美国陆军军火部火炮分局要求研制更多类似的火炮。1944年3月，M1型155毫米火炮的新型自行火炮被命名为“T83”，美国军方对它的表现非常满意，之后正式命名为M40型155毫米火炮搭载车，后又改为M40自行加农炮，其开创了155毫米火炮作为自行火炮标准口径的先河。

3 助锄

同M12一样，炮车后都有可以折叠的助锄，射击时放下能起支撑作用。

THE PIONEER OF BEAST

[巨兽先锋] T95坦克歼击车

THE T95 TANK DESTROYER WAS OFFICIALLY NAMED IN 1945

1945年，美国陆军要求设计发展一种超重型坦克，主要是用来对付德国陆军的鼠式超重型坦克、E-100超重型坦克，德军88毫米反坦克炮的正面攻击，以及未来可以对付苏联超重型坦克。1945年5月，美国太平洋汽车和铸造公司开始设计，最后仅生产了2辆。

火炮

在行驶中务必将主炮维持最大仰角，因主炮炮管过长，有可能因为行进间将炮口抵触地面或障碍物而导致炮基座严重毁损。

T95重型坦克

- 全重95吨
- 全长11.1米
- 弹药基数62发

T-10重型坦克

- 全重50吨
- 全长9.715米
- 弹药基数30发

素未谋面的对手

美国的T95重型坦克与德国鼠式重型坦克是当时世界上两大“巨无霸”，它们没有在战场上见面。如今，一辆T95重型坦克陈列于美国诺克斯堡巴顿坦克博物馆，而它未来得及碰面的对手鼠式重型坦克，则在地球另一端的俄罗斯库宾卡坦克博物馆的展房沉睡。

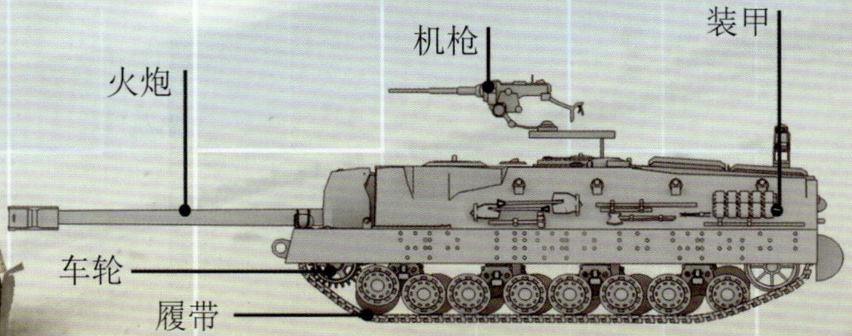

3 悬挂系统

车轮与车体之间，便是悬挂系统，担负起承载车体并吸收震动的工作，提供最佳的乘坐舒适性。

能拆卸的履带

T95坦克的履带是T80E1履带的一种铸造变形履带，采用四条履带接地，在移防时必须先将外侧的履带与路轮拆解下来才能方便运输，同时将拆解下来的组件集中成一个单位可以一起拖走。这样设计是因为车体超宽，为了能正常使用当时的标准铁路运输系统，两侧外沿的行走系统可以拆卸，以方便铁路运输。

2 防盾

炮塔上就有一个开口，不利于防护，于是在炮管根部加上一板，就是防盾，1门105毫米口径坦克炮就装在139.7厘米防盾里。

THE PIONEER IN MAIN FRONTS

[主战先锋] CENTURION 百夫长主战坦克

"THE CENTURION" MAIN BATTLE TANK GOT A HONOR IN YOM KIPPUR

第二次世界大战末期，英国研发了一款新型主战坦克，在战争结束前有6辆原型车送到欧洲战场，可是并未赶上任何战斗。"二战"结束后，这种坦克持续生产并且在英国陆军服役。由于设计优良，受到其他国家的青睐，成为西方国家在"二战"之后服役国家最多的坦克，它就是著名的百夫长坦克。

百夫长主战坦克

- 战斗全重51吨
- 最大行程250千米
- 最大速度35千米每小时

胜利式主战坦克

- 战斗全重38.4吨
- 最大行程350千米
- 最大速度48.3千米每小时

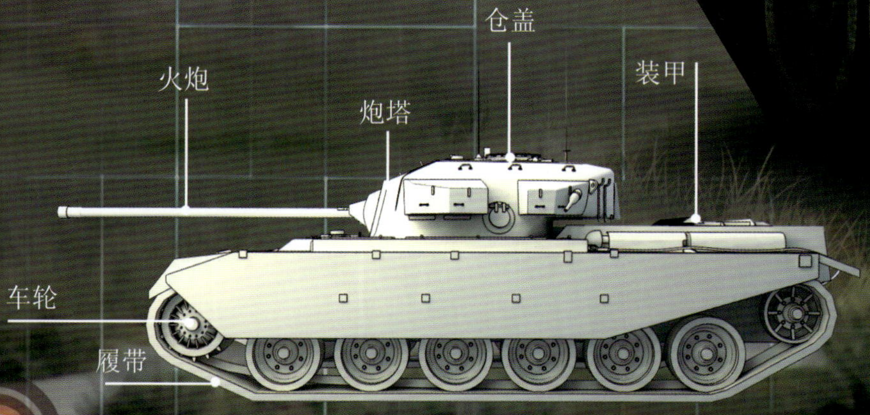

炮弹

可以发射曳光脱壳穿甲弹，有效射程为1800米，发射碎甲弹时有效射程为3000米~4000米。

105毫米L7型膛炮

百夫长坦克采用的是L7型105毫米线膛炮，因其膛压高、精度好，初速及威力远远高于当时各国现役的坦克炮，线膛炮几乎可以发射现有的所有弹种，线膛炮发射的炮弹在飞行中是高速旋转的，而旋转可以保持轴向的稳定性，受气流和风的影响较小。

在以色列的辉煌历史

百夫长坦克在其超过60年的服役生涯中经历了多次局部战争，但它最出色的战绩不是由英国人创造的，而是由以色列国防军创下。以色列不仅是装备它数量最多的国家，也是对它改进最多，同时也是潜力挖掘的最彻底的国家。

3 履带护板

履带护板位于发动机顶装甲板和履带护板上方的空气滤清器上，是它的主要外部特征。

2 储存舱

前部左侧是储存舱，内装弹药和器材箱，与其他的舱室相比较小，相当于一个小型弹药库。

T-54采用电动机驱动为主要启动方式，压缩空气启动是寒冷气候条件下的辅助启动方式。T-55装有1个AK-150型空气压缩机，能提供比较恒定的压力，发动机以压缩空气启动为主要启动方式，电动机驱动为辅助方式。为增大坦克行程，除了在车内设前组和中组燃油箱外，车体外面还设有外组燃油箱。

压缩空气式发动机

THE MAINSTAY

[中流砥柱] T-54 中型坦克

THE NUMBER OF EQUIPMENTS OF T-54 TANK IS MUCH MORE THAN OTHERS

1944年，苏联设计了一种新式中型坦克，但通过使用证实该坦克可靠性较差。T-54坦克是其经过改进而成，原型车于1945年3月至4月间进行测试并通过，被苏联军方定名为T-54型中型坦克。虽然T-54坦克也存在很多问题和缺陷，但苏联军方仍然在1946年4月29日宣布其正式入役，并于1947年进行量产。

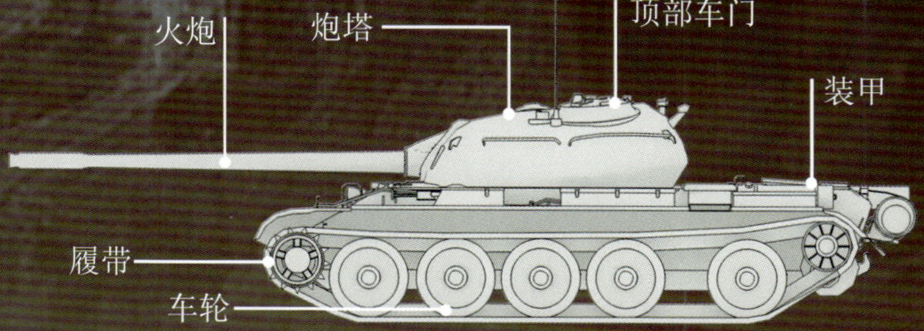

1 炮塔

炮塔位于车体的中部，为铸造结构，是固定于坦克上的弹丸射击武器装置，用以保护船舰人员或地区。

2 火炮

该坦克有良好的武器和装甲，但火炮俯角小，火控系统简陋、火炮射程有限、外组燃料箱易起火。

越战风云

1975年4月30日北越人民军攻下西贡当日，T-54坦克冲撞南越总统府“独立宫”（现称统一宫）铁门，驶入前院迫使总统杨文明投降，从此结束了越南战争。今天越南政府在胡志明市的西贡总统府旧址前展示了数辆同款的退役T-54型坦克供游客观赏，因为T-54坦克是终止战争的英雄。

T-54坦克

- 安装7.62毫米航向机枪
- 没有炮塔旋转底板
- 没有火炮双向稳定器

T-55坦克

- 取消7.62毫米航向机枪
- 装有炮塔旋转底板
- 安装火炮双向稳定器

FIGHTING WITHOUT ANYTHING

[轻装上阵] AMX-13轻型坦克

AMX-13 WAS AN IMPORTANT MILESTONE IN THE HISTORY OF TANKS

第二次世界大战期间，是轻型坦克最红火的一段时间，我们称之为“轻型坦克时代”。“二战”之后，经过适度的发展，具有代表性的轻型坦克有：法国的AMX-13轻型坦克、美国的M41轻型坦克和M551轻型坦克等，数量也相当可观。AMX-13轻型坦克第一辆原型车在1948年开始投入使用，80年代后逐渐从法国陆军中淘汰。虽然AMX-13轻型坦克在战场上没有骄人的战绩，但却是法国轻型坦克发展的里程碑。

2 舱室

为了减小体积，坦克的舱室设计得十分狭窄，乘员的身高只能在172厘米以下，才能够保证人员操控中的舒适程度。

首创自动装弹机器

AMX-13轻型坦克是世界上第一种装有自动装弹机的坦克。开创性的实现炮弹的自动装填。

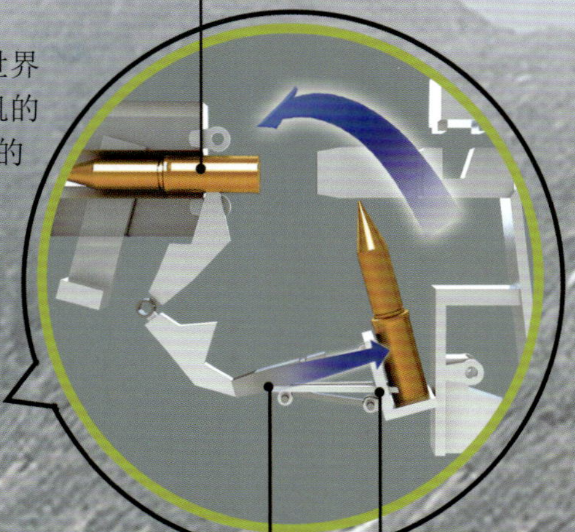

AMX-13坦克采用了FL-10摇摆式炮塔，炮塔位于车后，由上、下两部分组成，下炮塔装于车体上，用一般的滚珠座圈支撑，上炮塔利用耳轴装于下炮塔突起部的槽中，并与火炮刚性连接。因此，炮塔的上部可同炮身一起在垂直方向运动。该炮塔的优点是可以降低炮塔高度、缩小炮塔座圈直径。

炮塔的设计

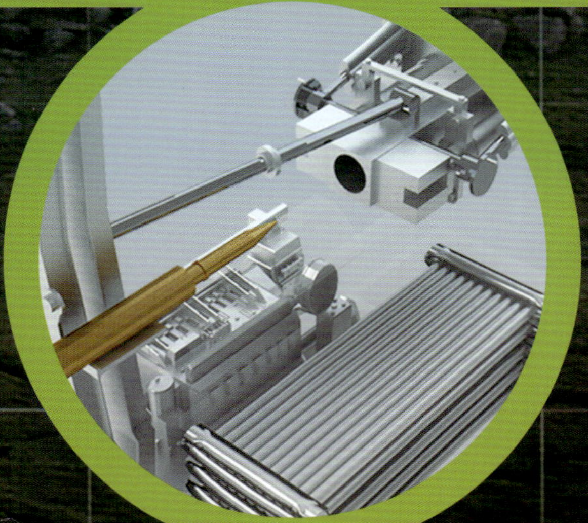

3 底盘

引擎在坦克的右侧，驾驶员则在左侧，底盘的护甲全部由钢板组成，最厚处达到了40毫米。

M190 毫米炮

- 二战以来主要防空武器之一
- 可用于反装甲
- 用作防空火炮时，四门炮一组

M3A190 毫米炮

- 美军90毫米高射炮的改造产物
- 加装清膛器及炮口制退器
- M26A1和M46“巴顿”主炮

还有哪个部位你想知道

M47坦克的车体由装甲钢板和铸造装甲焊接而成，并带有加强筋，前部是驾驶舱，中部是战斗舱，后部是动力舱，驾驶员在坦克左前方，舱口盖上有1个M13潜望镜，航向机枪手位于驾驶员右侧。铸造炮塔位于车体中央，车长和炮长位于炮塔内火炮右侧，装填手在左侧，装填手舱盖前部装有1个M13潜望镜。后来某些国家的M47加装了M19红外驾驶潜望镜，以提高夜间作战能力。

2 动力装置

通过十字驱动传动装置，坦克的动力装置是坦克的动力源，主要用来产生推动坦克运动的牵引力。

1 炮闩

该炮采用立楔式炮闩，楔式炮闩依靠楔形闩体闭锁炮膛，其前部的镜面与药筒底面确实贴紧，防止火药气体外泄。

3 行动装置

坦克两侧各有6个扭杆悬挂的双轮缘挂胶负重轮和3个托带轮，在第六负重轮和主动轮间有一可调式履带张紧轮。

THE BRAVE EXPERIENCING A LOT

[历战勇者] M47 巴顿坦克

M47 PATTON TANK IS THE SECOND TANK BEING NAMED "PATTON"

尽管美军装甲部队在朝鲜战争当中拥有新式的M46坦克，但该型坦克面对朝鲜人民军和中国志愿军的苏制T-34/85坦克和IS-2斯大林式重型坦克仍感吃力，于是美军推出了经过改进的M47坦克。它于1952年开始装备美国陆军和海军陆战队，但到全面使用时朝鲜战争已经结束。M47坦克是美国第二种命名为"巴顿"的坦克，它是根据M46在朝鲜战争当中的实战而进行改良的。

施瓦辛格与 M47 坦克

电影演员施瓦辛格在移民美国之前曾是M47坦克驾驶员，后来他用140万美元购买的了一辆M47坦克并将它移交给一家军事博物馆展出，让大家可以想象两个超级硬汉站在一起的风景。

M48坦克

- 双涡轮V型12汽缸汽油引擎
- 输出功率604千瓦
- 推重比12.38千瓦每吨

M47坦克

- 双涡轮增压汽油发动机
- 输出功率604千瓦
- 推重比13.12千瓦每吨

耗油缺陷

M48坦克的最大缺陷是其发动机的耗油量极其巨大，在陆地每千米的耗油量大约9升。为解决这一问题，设计者把4个210升的油桶安装在坦克后架上，并将油桶的油管出口与油箱的加油管连接起来。这些油桶并没有采取保护措施，在紧急情况下可以从车体内抛弃。

2 火炮

炮管前端有一圆形抽气装置，炮口有倒流反射式制退器，炮闩为立楔式，有电击式击发机构，炮管寿命700发。

1 装甲

装甲具有一定的倾斜角，不但能使普通穿甲弹易于跳飞，而且能使弹丸穿过装甲所经过的距离增长。

THE FREE EAGLE

[自由之鹰]M48 巴顿坦克

M48 "PATTON" TANK IS A FAMOUS STAR IN WWII FOR GREAT PROTECTING

M48坦克是美国陆军第三代的巴顿系列坦克，它是以M47坦克为基础进行改良，在冷战时期使用的中型坦克，于20世纪50年代早期列装部队。该坦克在越南大多扮演步兵支援的角色，在多次战争中表现出了良好的防护能力。

3 发动机格栅

发动机格栅主要用于发动机通风散热，在发动机格栅右后位置竖立潜渡通气筒，潜渡时需打开排水泵。

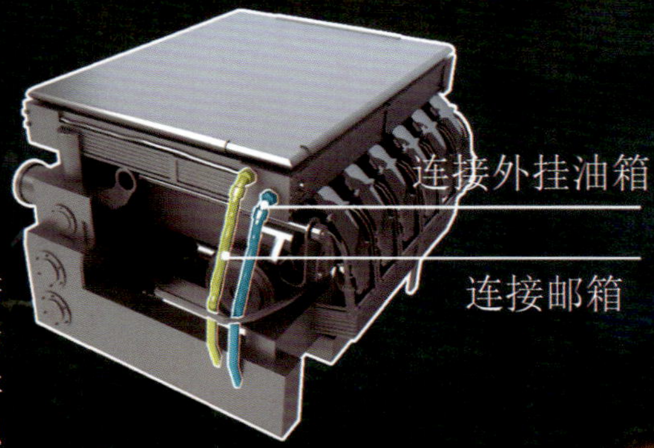

铸造炮塔的操作流程

M48坦克采用铸造炮塔，均为整体铸造成型，是先根据炮塔的形状制作好模具，将炽热的钢水从炼钢炉中倒入模具，冷却后经过修整，炮塔的铸造就完成了。铸造炮塔的各部分装甲是整体圆滑过渡的，炮塔各部分的厚度和倾斜角都得到合理配置，可以形成良好的防护外形，通过形体防护来提高装甲的抗弹能力。

T-10梭子鱼式楔形首上装甲

T-10坦克采用梭子鱼式楔形首上装甲，楔形装甲可以间接增加装甲的厚度，让来袭弹头产生跳弹，或改变方向，通过较大的倾斜角弹开穿甲弹或者提起引爆化学能穿甲弹，使其不能达到最佳杀伤效果。这种设计对于现代的尾翼稳定托壳穿甲弹和化学能破甲弹的作用都非常有限。

IS-3重型坦克

- 梭子鱼式楔形首上装甲
- 侧面平板型的防弹钢板
- 工艺粗糙

T-10重型坦克

- 梭子鱼式楔形首上装甲
- 侧V字型带弧度的钢板
- 工艺质量精良

2 电喇叭

左前配备有电喇叭和前照灯，右前是一根确定车宽的细钢管，电喇叭能够发出预警和警示，起警示作用。

1 车尾形状

车体尾部呈阶梯型布置，在车体尾部还有专门的通道供载员安全上下车，能够使乘员上下坦克更方便。

REMOTE PUNCTURE

[重坦绝唱] T-10重型坦克

T-10 HEAVY TANK WAS FINALLY NAMED AFTER THE DEATH OF STALIN

1948年底，苏联红军装甲坦克兵总局要求研制一种重量不超过50吨的重型坦克。科京领导的列宁格勒“基洛夫”工厂和车里雅宾斯克“基洛夫”工厂设计小组根据要求开始了新式重型坦克的研制工作。在吸取了IS-6电传动重型坦克失败的惨痛教训后，决定在新坦克上尽可能采用现有成熟技术来减少设计难度和风险，决定以IS-3重型坦克为蓝本进行改良。1949年，外形比较保守的730工程样车诞生了。后期又经过不断改进和完善，直至1953年被命名为T-10的重型坦克终于列入军备。

苏联重坦的绝唱

1957年，T-10重型坦克完成所有生产，1960年7月2日，赫鲁晓夫下令停止一切重型坦克的研制工作，1993年，T-10重型坦克完全退役，历经两个时代T-10重型坦克都没有出口过，也从侧面证明了这种坦克的重要性。

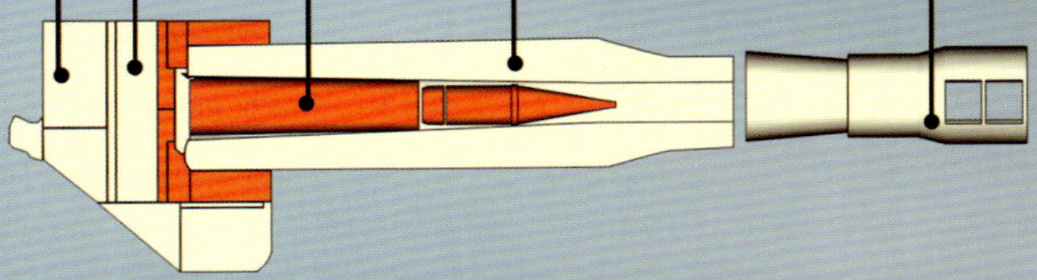

能够俯仰的闭锁机构

“征服者”坦克上有一套火炮俯仰闭锁装置，当车速超过2.5千米每小时就能自动闭锁。就是说，在绝大多数行驶状态下，火炮都处于闭锁。究其原因，是由于火炮的炮身太重，行驶颠簸会使火炮高低机的小齿轮承受极大的附加负荷，甚至造成损坏。而实现液压闭锁或电动闭锁，则可以避免这种情况发生。

弹药

弹药是分装式装填的，能发射脱壳穿甲弹和破甲弹。

“射击控制塔”的指挥功效

征服者坦克火控系统的核心是称为“射击控制塔”的车长指挥塔，为电动式，相对于炮塔独立旋转，由车长操控。车长发现目标后，先测定距离，合像后，便可读取距离数据，并将其在车长主瞄准镜上装定，按动控制开关，炮塔便开始旋转自动转向目标，同时车长指挥塔反向旋转完毕时，火炮轴线和车长指挥塔轴线将重合，再经高低瞄准后，便可以由炮长或车长射击。

动力装置

英国罗尔罗伊斯公司制造的V型、12缸、水冷、燃料喷射式汽油机，发动机转速在每分钟2800转时的最大功率为604千瓦。

THE DECLINING ARISTOCRAT

[没落贵族]

CONQUEROR 征服者重型坦克

"CONQUEROR" HEAVY TANK WAS DEVELOPED ON THE BASIS OF FV201

在第二次世界大战之前，英国走的是“巡洋坦克”和“步兵坦克”的老路。显然面对新的战争，这种思想已经落后。1944年，为了对抗苏军的IS-3重型坦克，英国决定使用FV201坦克的车体研发一款新型坦克。1952年，完成了名为“凯纳文”的重型试验型坦克，经过改进后，1956年正式定型为征服者重型坦克。

脱壳穿甲弹

- “二战”时苏联研制
- 曾是坦克炮发射的动能穿甲弹主流
- 能减少飞行过程中能量耗损

碎甲弹

- 英国所用反坦克弹种
- 对于金属目标物有很好的效果
- 反装甲作用，可有效杀伤人员

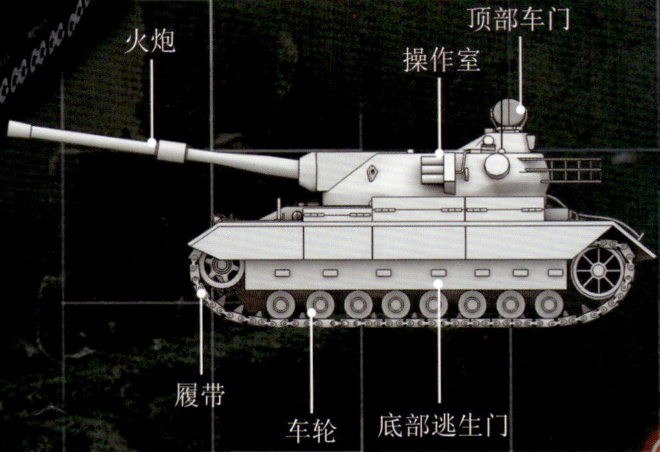

能够俯仰的闭锁机构

瑞典S坦克的炮弹装填采用液压操纵自动装弹机，驾驶员或车长按一下操纵的装填钮，炮弹的固定卡爪自动松开，炮弹靠自重落到最下一层托弹槽上，送弹挺杆将其推到弹药架中间的装弹机上，装弹机再将弹药举到炮尾，由后边的装填滑块推入炮膛。发射后的空药筒由抛壳机从车体后部中央的排出口抛出车外。装填结束，信号灯即亮。如果装弹机失灵时，则由机电员人工装弹。

1 升降式推土铲

这种主战坦克在车体前部装甲板下方固定安装有升降式推土铲，它是依靠车体的俯仰进行推土、平路等作业。

传动装置

由于坦克采用燃气轮机和柴油机联动的动力装置，使传动装置比较复杂。沃尔沃的液力变矩器与1个DRH-1M型自动变速箱装在K-60发动机的动力输出端，以获得与燃气轮机相似的输出特性，能使两台发动机很好地联合运行。两台发动机功率通过闭锁-空转离合器和弹性联轴器汇流到行星变速箱，变速后共同输出，再经过一组离合器和制动装置把车式功率传递到车辆两侧主动轮。

2 履带板

该坦克前上斜装甲板上有许多备用履带板，可以提高抗穿甲弹能力。

THE NORTH EUROPEAN KNIGHT

[北欧骑士] STRV-103主战坦克

SWEDISH STRV103B TANK OBTAINED MANY BESTS IN THE WORLD

20世纪50年代，瑞典陆军兵器局打破传统设计，开始研制一种无炮塔型主战坦克，固定式安装的火炮依靠车体的旋转和俯仰进行瞄准和射击，成为S系列坦克的主要标志。该坦克研制始于1957年，其设计有许多独到之处。它首创无炮塔坦克，是最矮的主战坦克，最先采用自动装弹机、发动机和传动装置前置、复合动力装置等，获得了多个世界之最。

3 战斗舱

车体中部是战斗舱，战斗舱内有驾驶员、炮手和装填手，战斗舱是乘员作战的舱室，有一个战斗舱门。

STRV-103

- 柴油机和燃气轮机复合动力
- 部分车辆无浮渡围帐和炮管固定架
- 车首没有推土铲

STRV-103B

- 水冷多种燃料发动机
- 都安装浮渡围帐和炮管固定架
- 车首有推土铲

破甲弹

- 配用于反坦克炮
- 对爆炸反应装甲有效
- 聚焦的高温、高速射流进行杀伤

黄磷发烟弹

- 黄磷或易挥发液体发烟剂
- 爆炸型发烟弹体内装
- 施发烟幕干扰对方观察

M60 的丰功伟绩

美国人的武器库中有这样一款坦克，它曾是西方国家装备数量和参战次数最多的主战坦克，在上世纪90年代初，其装备数量达到11750辆，位居西方坦克装备数量之首。至今仍在世界上20多个国家和地区服役，它就是已经服役超过半个世纪的“老兵”——M60坦克。

20世纪50年代末，为取代M48巴顿坦克，M60巴顿坦克作为美国陆军最后一代巴顿坦克登陆问世。1959年3月M60坦克定型，同年6月首批生产180辆的合同签订，由克莱斯勒公司的特拉华防务工厂制造，1960年列入美军装备。M60坦克是冷战时期的美国主战坦克，服役期间大概从20世纪60年代至90年代早期，至今还有许多国家依然有各种型号的M60坦克在服役中。

THE LAST KING

[末代君豪] M60 巴顿坦克

M60 “PATTON” TANK IS THE AMERICAN CAPITAL TANK IN COLD WAR

主动红外夜视大灯

M60坦克采用了主动式红外照射装置，其原理类似于我们用的手电筒，但手电发出的是可见光，而主动式红外照射装置发出的是红外光，通过主动式红外照射装置发出的红外光照射目标反射回来就可以在黑暗环境中看到目标。目前，由于这种装置隐蔽性差在坦克上已经很少使用了。

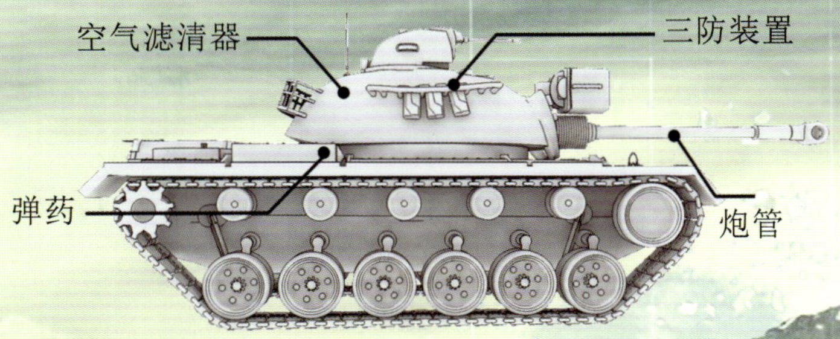

2 空气滤清器

1971年安装了空气滤清器，提高了发动机寿命，空气滤清器能够把坦克内发动机产生的废弃气体过滤干净。

三防装置

安装了个人三防装置，包括关闭机构、密封装置、空气过滤装置、防毒衣具和增压空气调节装置等。

M113履带式装甲运输车

- 战斗全重为10.26吨
- 克莱斯勒75M型水冷汽油机
- 扭杆式悬挂

M59履带式装甲输送车

- 战斗全重19.32吨
- 直列水冷汽油机
- 扭杆式悬挂

致命造价导致的夭折

M113履带式装甲运输车水陆两用，在水上行驶要用履带划水，水上转向与陆地基本相似。车体两侧设有能控制履带上部水流的橡胶屏板。进入水中之前要启动两个排水泵，竖起车前防浪板，方可进入水中正常工作。

减震器

使用扭杆式悬挂装置和液压减震器，减震器主要用来抑制弹簧吸震后反弹时的震荡及来自路面的冲击，行驶时震动小。

THE AMPHIBIAN ELITE

[两栖精骑] M113 履带式装甲运输车

IS 7 HEAVY TANKS BEFORE BIRTH MOMENT STILLBORN

从1956年开始研制算起，M113履带式装甲运输车已经在军队服役超过半个世纪，它既没有像主战坦克以厚重的装甲、凶猛的火力见长，也没有漂亮奇特的外形引人注目，但它是西方国家使用最广泛的履带式装甲车。M113装甲车自诞生以来，在世界上大大小小的战争中几乎都可以看到它的身影。

2 装甲

采用飞机用的铝材质打造，使它可以在更轻重量中拥有钢铁级的防护力，能保护车内人员不受枪弹或弹片伤害。

坐在舱顶的士兵

M113装甲车因装甲薄弱、防护不足而饱受批评，有的M113装甲车甚至被越南军队的12.7毫米机枪子弹从侧面贯穿，M113装甲车的底部也难以抵抗各种地雷，以至于大多时候搭载的士兵都愿意坐在车顶上，只有在遭遇敌军袭击时才不得不钻入舱内。

EXTRODINARY WEAPON

[超乎凡响] A SU-85 空降坦克歼击车

ASU-85 AIRBORNE TANK WEAPON IS ONE OF THE TYPICAL MODELS

战后的1946年6月，苏联空降兵部队从一般建制中独立出来，单独组成一支战略进攻力量。由于空降兵的特殊地位，加上对深进攻理论的推崇，苏军认为空降兵不应该只是一支仅装备重武器的轻步兵部队，而应该和其他部队一样有自己的装甲战斗力量，以便在空降投入战斗后能和敌方地面部队交手。为达到这个目的，苏联开发了一些装甲战斗车辆，其中颇具代表性的型号之一就是ASU-85空降坦克歼击车。

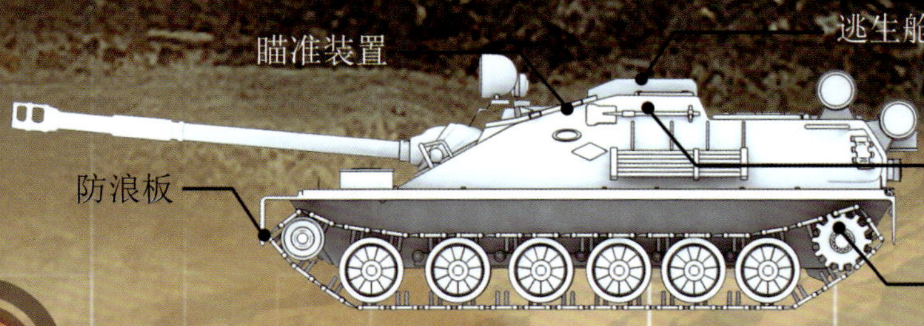

战斗室

它采用了全封闭战斗室，这样一来乘员能够得到全面保护，装甲厚度大，对乘员的保护能力大大得到提高。

引爆眼球的坦克歼击车

在苏联军队举行的军事演习中，通常能看到这样的场景，当安-12运输机降落后，尾部舱门大开，一辆车身低矮、采用倾斜装甲的坦克歼击车驶出，这就是ASU-85式坦克歼击车。落地前的一瞬间，减速火箭同时点燃，进一步强制平台减速，使ASU-85坦克歼击车能平稳着陆，这种方式着实让人们大开眼界。

ASU-85空降坦克歼击车

- 装甲厚度大
- 封闭式战斗室
- 车体庞大

ASU-57小型坦克歼击车

- 装甲厚度薄
- 敞开式战斗室
- 车体小巧

自救木的辅助效果

ASU-85上安装了自救木装置，主要是在行军或战斗时怕碰到陷车事故，比如陷在泥浆里，或爬坡时土壤太松爬不上去，使用木头来增强摩擦力使坦克脱出继续行军或战斗，这样坦克具有自救能力，不需要其他坦克或卡车来将其拉出来。比如说汽车在上坡时碰到泥泞路面时在轮胎下面放置木头、石头等可以增加摩擦力使汽车通过是同理的。

2 防浪板

该车底盘不具有水上浮渡能力，涉水仅能通过浅水地带，涉水深1.1米，为了便于涉水，车体前部装有防浪板。

3 液压减震器

最前面和最后面的两对负重轮有液压减震器，优点是结构相对简单，成本不高，能保证车身离地的高度不受负载大小的影响。

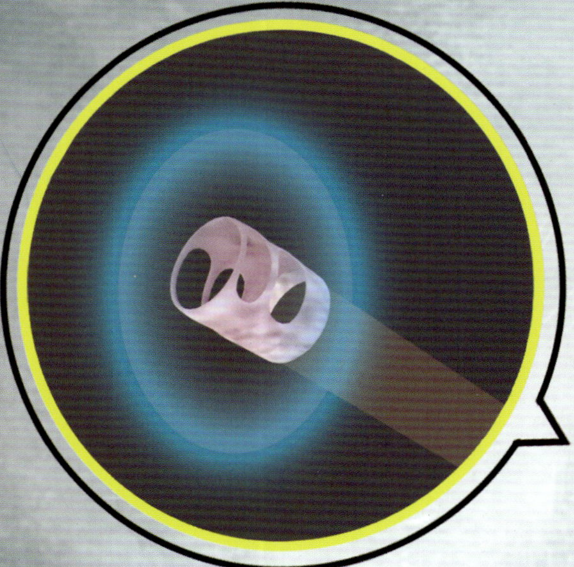

炮口制退器的用途

M110自行火炮安装了炮口制退器，利用炮口制退器可以有效地吸收火炮后座所产生的能量，余下的能量由火炮的助退机、火炮的助锄及火炮对地面的附着力来吸收。如今不仅是坦克或自行火炮的炮口有炮口制退器，地面压制火炮都安装了炮口制退器。

火炮

搭载25倍径203毫米M2A2式榴弹炮，由于此榴弹炮为“二战”产品，因此仅能使用标准榴弹（射程17 000米）。

被称为炮架的火炮

M110自行火炮在越南战争中曾被广泛使用，与M107自行火炮一样能够用大型运输机空运。M110自行火炮安装身管短粗的203毫米M2A2火炮，由于炮弹非常重，只能自带2发炮弹，12名操作乘员中本车搭载5名，其余7名操作员与炮弹一起由M548装甲供弹车运送，因此被称为炮架。

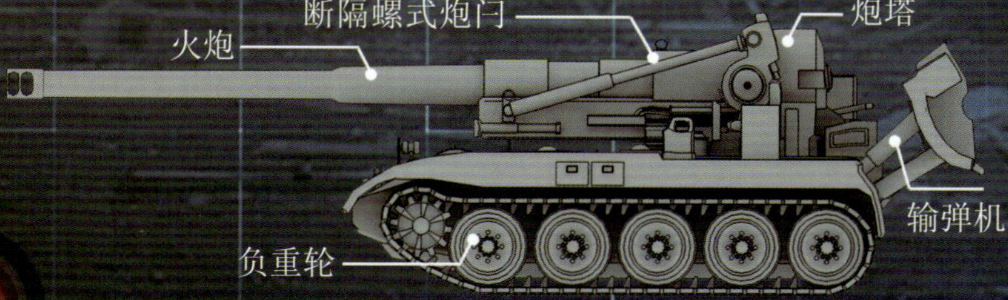

2 负重轮

每侧5个负重轮，通过惰臂与扭杆相连，主动轮在前，由一台两冲程的增压器和机械增压器的柴油机驱动。

THE SPEEDY TANK

[疾驰炮架]

M110 自行火炮

M110 SELF-PROPELLED GUNS HAVE BEEN BEING RETIRED ALREADY

1956年开始，由于当时美军的共通化需求，开始研发了新型自行火炮，与M107自行火炮采用了共通底盘的原型车T236于1958年完成，1961年正式以M110的编号投入量产。M110自行火炮是美国制造的自行火炮中装载火炮口径最大的一款，在火力支援等任务中发挥了重要作用。

M110自行火炮

- 能发射核弹
- 自行加农炮
- 最大速度72.45千米每小时

M107自行火炮

- 不能发射核弹
- 榴弹炮
- 最大速度80千米每小时

3 炮塔

为了符合空运需求也严格限制了自行火炮的重量，采用开放式炮塔。

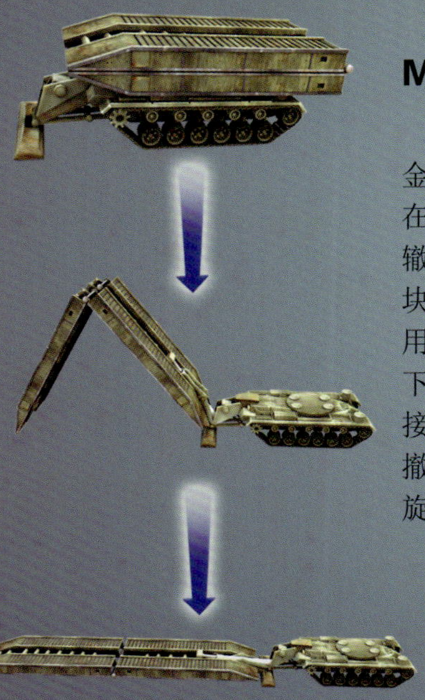

M60 装甲架桥车的伸缩功能

M60装甲架桥车的桥梁用铝合金制造，采用液压装置折叠后放在车辆上方，主要部件是8块车辙节板即由4块中央节板和4块斜面节板组成，它们之间用销钉连接，中央节板的下翼装有加强的铰链连接器，桥梁在架设和撤收时通过它进行旋转折叠或展开。

M60装甲架桥车

- 美国生产
- 使用美国M60坦克底盘
- 后部装有系紧装置的支承架

MTU-20装甲架桥车

- 以色列生产
- 使用苏联T-55坦克底盘
- 部分会保留机枪作防卫用途

REMOTE PUNCTURE

[铠甲良将] M60 装甲架桥车

M60 ARMORED CAR BRIDGE MAIN EQUIPMENT ENGINEERS

19世纪50年代，美国陆军的制式装甲架桥车是M48A2架桥车，是在M48主战坦克底盘基础上安装了剪刀式桥研制而成。从1963年开始采用M60主战坦克的底盘，将400辆M60坦克改造成新式的架桥车，称之为M60装甲架桥车，M60装甲架桥车产生后主要装备美军工兵部队、新加坡和西班牙军队。在装上适合的架设机构后可以承载和架设70吨级的重型突击桥。

THE SPEEDY MODEL

[速度楷模] ACC/R 两栖战车

AMPHIBIAN VEHICLE ACC/R IS VERY POPULAR AMONG US SPEC OPS

从第二次世界大战时期开始，两栖登陆战车及装甲装备已经广泛用于从海上投送登陆部队和投送特种作战力量。但它们有一个共同的缺点，即在水中的行进速度比较慢。20世纪60年代中期，美国开始尝试研发一种高速的、带水翼的两栖运输战车。Gibbs技术公司同美国国防部主要承包商洛克希德马丁公司合作开发出了3种类型的水陆两栖战车，ACC/R(江河水陆两栖战车)即是其中之一，它主要用于在河流和近海海域作战，ACC/R两栖战车自问世以来受到了美国特种部队的极端青睐。

2 机枪

长为10.8米，载重量为3.2吨，水中行驶速度为65千米每小时，战车上装备了3挺机枪，具有轻型装甲战车的性质。

狭小空间的驾驶

ACC/R两栖战车不仅可用作兵力投送工具，而且可以发挥巡逻艇的作用，特别是在浅水水域和沼泽地区作用更为强大。两栖战车是经过一系列改进后，负载量更大，同越野车极为相似，但它空间狭小，驾驶员和乘坐员必须一个挨一个，背靠着背，这样才能操控战车。

1 设计元素

在设计上采用了许多远征水陆两栖战车的元素，换句话说，它是Humdinga漂浮战车和远征水陆两栖战车的改进型。

蝎式90轻型坦克

- 乘员3人
- 车长4.97米
- 全重8.1吨

M551轻型坦克

- 乘员4人
- 车长6.299米
- 全重13.85吨

被动夜视仪

蝎式90主炮的右侧安装有兰克精密仪器工业公司的被动夜视仪，有两种放大倍率且不会发生任何干涉。像增强管由一光线挡板保护，从而免受火炮出口强光的危害，挡板由火炮射击线路电控。当选择高倍率时，光控的明亮弹道投影分划自动引入光学系统。

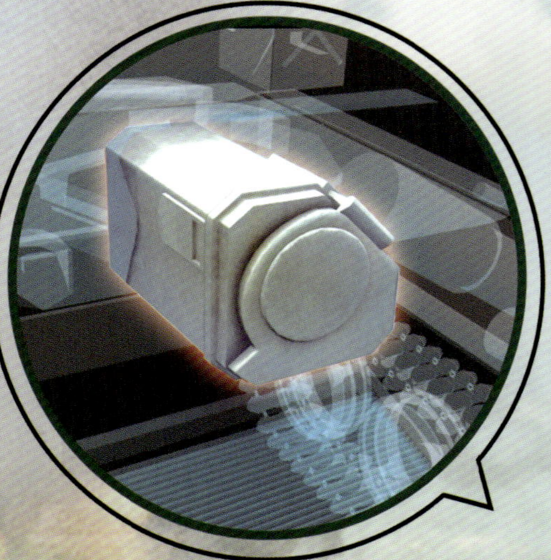

阿尔维斯公司曾将1辆装备珀金斯T6.3544柴油机蝎式90侦察车提供给美国，以便对该车在美国海军陆战队轻型车辆项目中进行评定，后来许多国家订购该车进行改装，以适合各自的独特条件，其中比利时等十多个国家装备了这种坦克车。

SLAUGHTER WITH POISON

[毒行杀戮]

SCORPION-90

蝎式90轻型坦克

"SCORPION"90 LIGHT TANK IS SERVED FOR MANY COUNTRIES

1 光线挡板

像增强管由一光线挡板保护，从而免受火炮出口强光的危害，光线挡板由火炮射击线路电控。

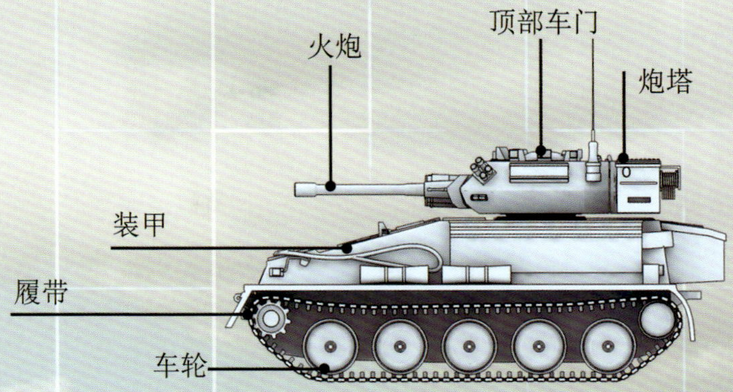

2 浮渡围帐

顶部四周安装有浮渡围帐，可在5分钟内架好，能够增加浮力，有的还可采用围帐或气囊等浮渡装置。

“毒蝎”的战地优异性

蝎式侦查坦克于1982年参加了英阿的马岛战争。马岛地形复杂，部队机动十分困难，5月21日5时，英军开始登陆，在强大的海空火力掩护下，直升机从登陆舰上吊运蝎式坦克，越过滩头阵地，在岛上纵深地区实施机降，担负掩护步兵冲击，救护伤员、运输物资等任务，充分显示了轻型装甲战斗车辆在复杂战场条件下的优异性能。

2 车长指挥塔

炮塔呈半球形，炮塔内有两名乘员，车长指挥塔采取双层活动座圈结构，相对炮塔作同步反向旋转。

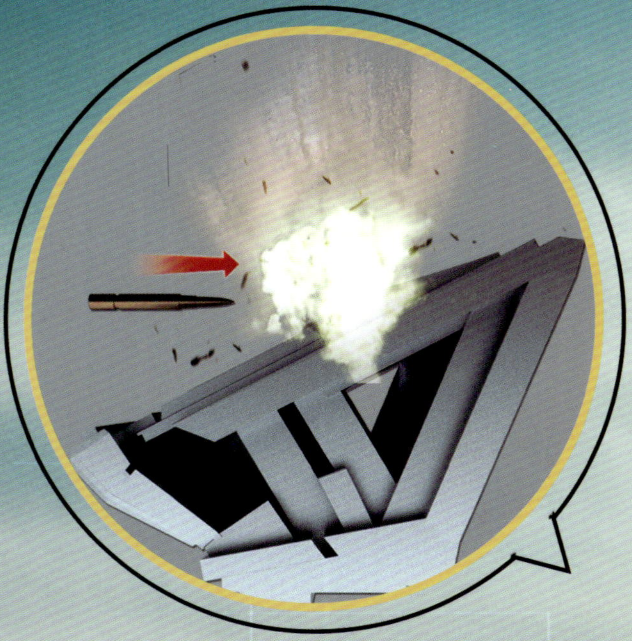

复合装甲的作用原理

T-72主战坦克采用复合装甲，复合装甲是由两层以上不同性能的防护材料组成的非均质坦克装甲，一般来说，是由一种或者几种物理性能不同的材料，按照一定的层次比例复合而成，依靠各个层次之间物理性能的差异干扰来袭弹丸（射流）的穿透，消耗其能量，并最终达到阻止弹丸（射流）穿透的目的。

T-72

- 2A26式125毫米火炮
- 有光学测距仪
- 离心式冷却风扇

T-72B

- 2A46型滑膛炮
- 没有光学测距仪
- 换装的新冷却系统

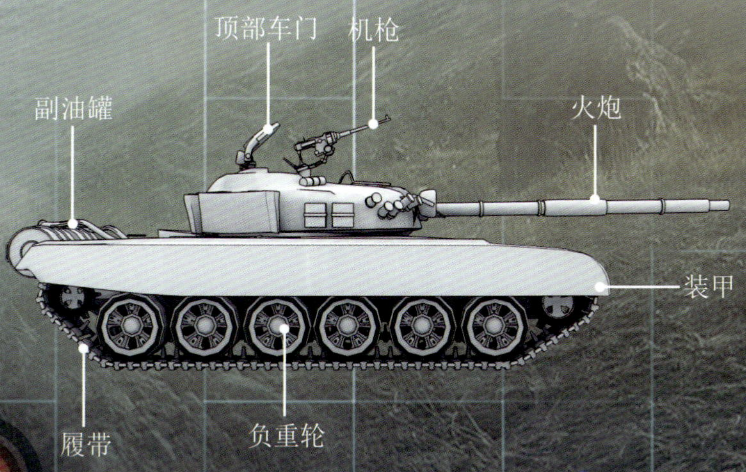

1 装甲板

该坦克车体前上部分采用了复合装甲，前上装甲厚200毫米，外层和内层分别为80毫米和20毫米。

RANGER RUINED LANDS

[废土游侠] T-72 苏联主战坦克

SOVIET UNION T-72 BATTLE TANKS WERE INVENTED IN 1967

20世纪60年代，苏联在量产T-64主战坦克之后，便着手研发另一种造价低廉且性能相近的坦克，用以大量配发给坦克部队或外销，以取代老旧、性能落伍的T-55坦克及T-62坦克。1967年研发出了T-72主战坦克，并于1977年11月苏联纪念十月革命60周年的红场阅兵式上首次亮相。由于原本设计目的是用于大规模快速突击，几次实战证实此坦克若不能以集群形式出现则使用效果不佳，少量使用仅适合低强度冲突作战。

环形散热方案

豹2主战坦克的冷却系统采用环形散热方案，热交换器部分由轻合金制成，中心装有两台巨大的吸风式离心风机，为了保证空气能均匀流入环形散热器，减小压力损失，风扇叶轮下还装有导向叶片环。发动机转速增大时，冷却水的流动加快，风扇的叶轮也相应提高。冷却水的最高温度可达110度，当外部环境为38度时，发动机仍能满功率运行。

2 悬挂装置

德国豹2坦克采用的是带有摩擦减振器的高强度扭杆悬挂装置。

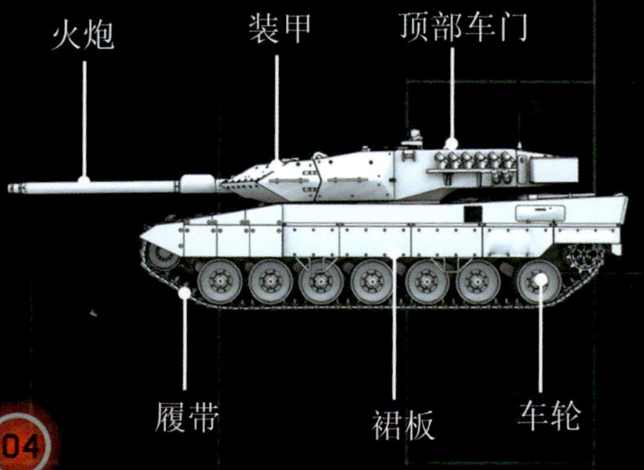

1 材质

安装莱茵金属公司研制的120毫米滑膛炮，炮管长5.3米，用电渣重熔钢制成，使炮管更坚硬。

EMPIRE' SLAST NOBILITY

[帝国末裔]

LEOPARD II 德国豹2坦克

LEOPARD 2 TANK WAS THE MAINSTREAM TANK IN LATE-20S

20世纪60年代末期德国克劳斯-玛菲公司制造了豹2坦克，主要技术源于当时的西德和美国的MBT-70/KPZ70计划。1970年，该计划因达不到两国军方的要求而流产。西德在原计划的设计基础上重新设计了车体、炮塔和火炮，发展成为豹2主战坦克，其主要特点是在当时的西方国家中率先使用了液压传动系统、高效能冷却系统和指挥仪式火控系统，成为西方国家20世纪末21世纪初的主流坦克。

DM23弹

- 第二代尾翼稳定脱壳穿甲弹
- 直径为32毫米
- 整体式钨镍合金弹芯

DM33弹

- 第三代尾翼稳定脱壳穿甲弹
- 具有更大长径比
- 至今尚未投产

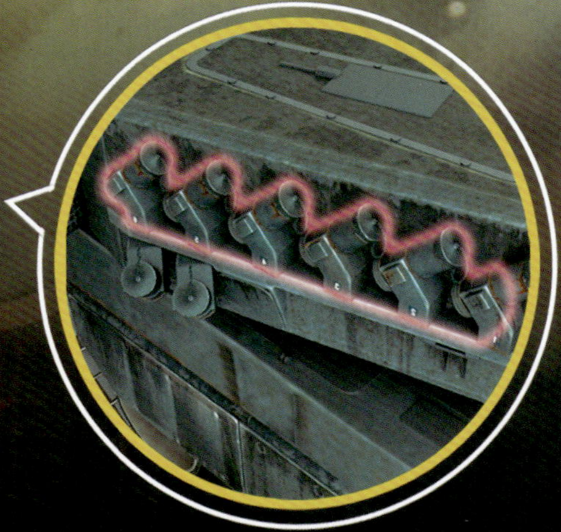

3 炮口制退器

作为轮式车辆，火炮后坐力成为影响连续开火和瞄准的主要因素，为降低后坐力，安装了新式“胡椒瓶”形炮口制退器。

烟雾伪装装置

设置在豹2坦克炮塔边上的圆筒，里面的装药是发烟剂和铝热剂，可以防可见光和红外光。发射装置能和反步兵榴霰弹共用，由车长控制，一般在敌方反坦克导弹飞来的时候和被敌激光测距仪照射的时候使用，可以形成长100米，高10米左右的烟雾墙

THE BRAVE SOIDER

[步兵勇士] M2 布雷德利坦克

"MERKAVA" MK4 TANK WAS OFFICIALLY SERVED FOR ISRAEL IN 1978

1972年4月，由于当时列装的M113装甲运兵车已经不适合战斗要求，美国陆军推出了新的步兵战车发展计划，该计划由克莱斯勒集团、FMC集团和太平洋汽车铸造公司三家竞争，最后FMC集团赢得了竞标。1975年夏天，FMC集团生产出了XM-732步兵战车，后来按照美国军方的意见进行修改，1980年被命名为M2布拉德利步兵战车。

M2 战车上的应急装置

M2战车的载员室位于车体后部，载员室尾部有一扇液压操纵的跳板式大尾门供载员快速进出，当尾门发生故障无法打开时，其左侧有一应急小门，两侧和尾门上分别设置2个球形射击孔，射击孔上方安装有与之配套的潜望镜。

附加装甲

车前装有下放式附加装甲，能防地雷攻击，附加装甲是在原来装甲基础上又新增的装甲，能抵御武器袭击。

2 链式炮

双人炮塔上安装1门链式炮，链式炮不是指用弹链供弹的机关炮而是一种利用外能源进行供弹和发射的机关炮。

动力舱的工作流程

M2布拉德利步兵战车的动力舱位于驾驶员右侧，动力舱里分为发动机和传动装置，发动机为水冷涡轮增压柴油机，动力通过静液机械式传动装置传递，与发动机匹配的有2个液压泵和马达总成。利用径向球形活塞和独特的齿轮排列保证所需要的转向比和传动比。主发动机驱动的发电机额定输出电压28伏，输出电流220安。

M2坦克

- 战斗全重22.67吨
- 全高2.98米
- 最大时速60千米

M2A2坦克

- 战斗全重29.5吨
- 全高2.565米
- 最大时速57.6千米

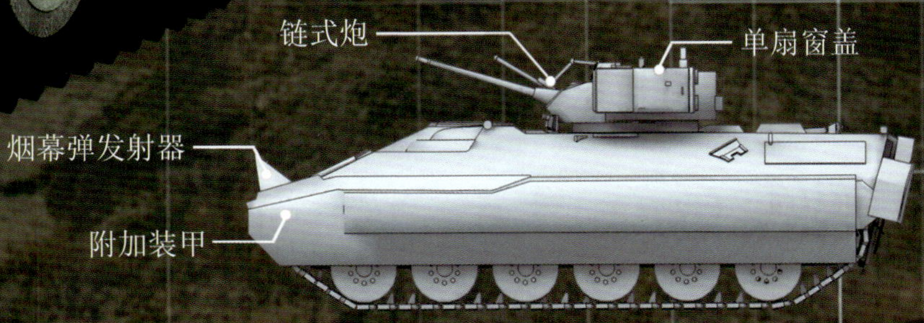

THE ARROGANT TANK

[傲视惊鸿] M1A1主战坦克

M1A1 MAIN BATTLE TANK IS A REPRESENTATIVE OF AMERICAN ARMY

M1艾布拉姆斯的出现是为取代M60巴顿系列坦克，在1980年左右开始服役，为了装备德国莱茵公司的Rh120式120毫米滑膛炮，美国于1984年8月定型研制了M1A1主战坦克。M1A1主战坦克在90年代后美国对外军事行动中以其机动性强、火力精准等优势占据了全球最佳主战坦克之一的地位，让美国陆军引以为傲，也成为了美国陆军的代表。

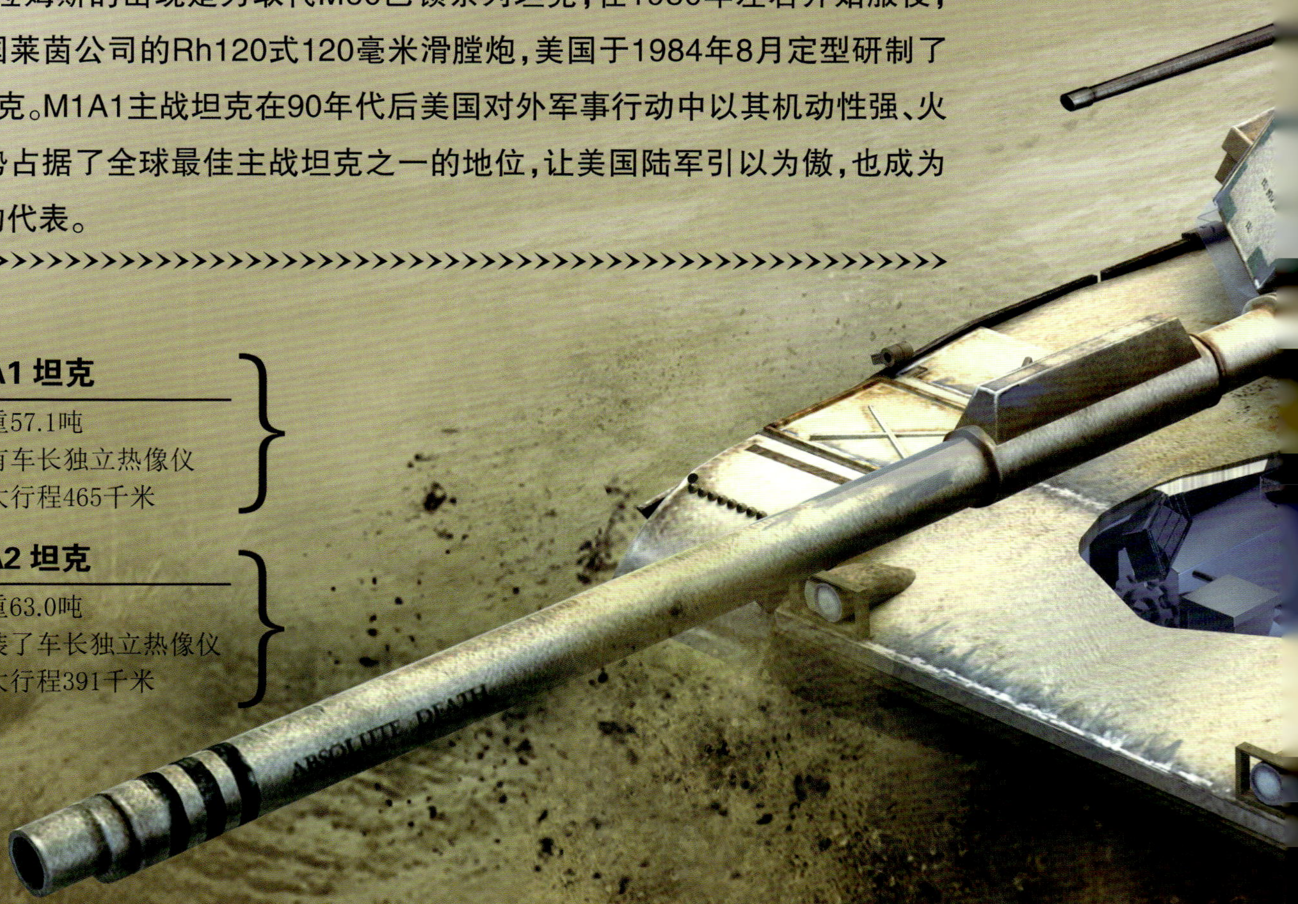

M1A1 坦克

- 全重57.1吨
- 没有车长独立热像仪
- 最大行程465千米

M1A2 坦克

- 全重63.0吨
- 安装了车长独立热像仪
- 最大行程391千米

扫雷辊的扫雷功效

M1A1坦克装有美国公司生产的滚压式扫雷辊，这种扫雷辊能够使车辆防御地雷并在危险区域内开辟出安全通道。每小时大约可以清理近2~5万平方英尺的雷区。利用钢质滚轮的重量压爆地雷，清除单次压发引信地雷的效果和抗爆性能较好，但不能清除耐爆地雷和带磁感应引信的地雷，而且机构笨重，对车辆的机动性能影响较大。

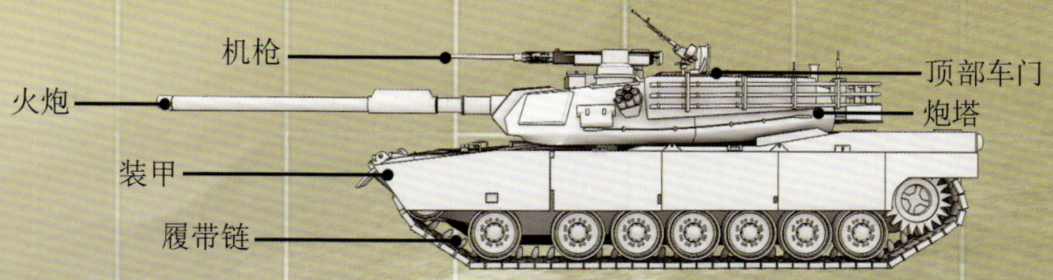

1 灭火系统

动力舱和战斗舱中安装的红外传感器能在2毫秒内发现所有着火点并自动启动灭火系统，能在150毫秒内将火灭掉。

2 履带

采用T156型双销挂胶履带，履带每平方米负重为11吨，每副履带又有156个橡胶垫，增加履带的抓地力。

运转的燃气涡轮机

M1A1坦克是首次采用燃汽涡轮机作为主动力的制式坦克。燃气涡轮机主要由压缩器、燃烧室及涡轮等部分构成。新鲜空气由进气道进入燃气轮机后，首先由压缩器加压成高压气体，接着由喷油嘴喷出燃油与空气混合后在燃烧室进行燃烧成为高温高压气体，然后进入涡轮段推动涡轮，将热能转换成机械能输出，最后的废气由排气管排出。

THE BIRD OF PREY IN JAPAN

[东瀛猛兽] TYPE-90 日本90式坦克

JAPANESE TYPE 90 TANK HAS INTEGRATED COMBAT CAPABILITY

日本坦克通常是以定型年代命名的，所以曾预计新坦克在1988年或1989年定型，故相继称88式和89式坦克。但是由于研制周期被拖长，因此定型日期推迟到1990年，最后命名为90式坦克。90式坦克于1990年开始少量装备日本陆上自卫队，与世界其他先进坦克的突出差距是没有采用数字化信息系统。虽然单辆90式坦克性能并不逊色，可它无法使坦克有机联合成一个整体，难以发挥高度一体化的战斗能力。

"英雄"难过沼泽地

90式坦克单位压力87千帕是它的弱点，这决定了它过不去沼泽地这一关，就连长满芦苇潮湿的浅水河岸都能陷进去，它服役至今还没有穿过森林地带的经验，如果把90式的单位压力减小到74千帕，起码要将炮塔上的较重的复合装甲换成较轻的"鱼鳞"装甲，这对防护力原本不足的90式来说实在是个大难题。

90式坦克

- 爪齿式钢制履带
- 地面的附着力较弱，出现横向打滑现象
- 夜间驾驶操作性能并不理想

74式坦克

- 双销双块式钢制履带
- 车体调整速度慢
- 夜间性能优越

1 装甲

装甲上用于抵挡或削弱敌人的攻击力，抵消或减轻攻击对于保护目标伤害，车体和炮塔均用轧制钢板焊接而成。

2 发动机

采用三菱10ZG型2冲程10缸水冷直接喷射式废气涡轮增压中冷柴油机，最大功率1103kW。

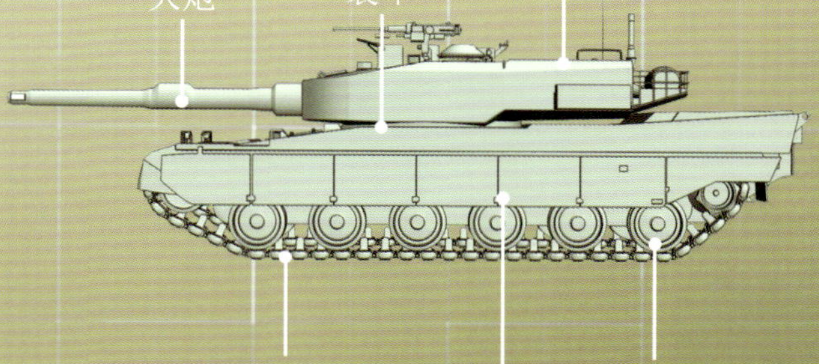

3 悬挂装置

该坦克采用液气和扭杆混合式悬挂装置，每侧有6个双轮缘负重轮，两侧的液气悬挂部件不是横向交叉连接，不能作倾斜。

超越控制装置

日本90式坦克安装了超越控制装置，即使在炮长发现目标并进行瞄准后，车长若再发现其他目标构成更大威胁时，还可使炮长的目标自动改成车长发现的目标，即应用该装置可在对一目标射击的同时瞄准其他目标。在车长瞄准镜内还附带稳定型导向器，车长戴上头盔后，接通开关，车长瞄准镜便可和炮管联动，炮管和车长的脸部总保持方向一致。

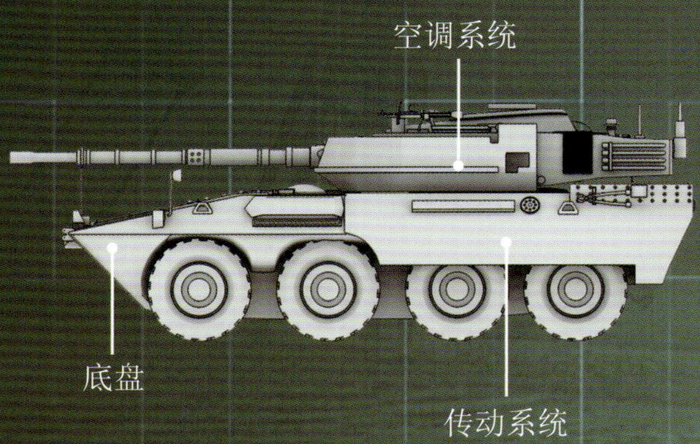

主要装备力量

在首批半人马座坦克歼击车交付部队仅一年后，即1993年，20辆半人马座坦克歼击车便被用于联合国的索马里维和行动。随后，半人马座坦克歼击车成为意大利参加维和部队的主要装备。

原型“半人马座”

- 105毫米线膛炮
- 电动液压驱动
- 炮塔重量7.5吨

新型“半人马座”

- 120毫米火炮
- 全电驱动
- 炮塔重量5.8吨

底盘

轮式底盘出色的公路机动性和越野机动性，使它能独立遂行侦察和反坦克任务，被人们称为“轮式坦克”。

THE FAST WALKING HUNTER

[急走射手] CENTAUR

半人马座坦克歼击车

"CENTAUR" TANK WEAPON CAN OFTEN BE SEEN IN ITALIAN PKF

意大利"半人马座"坦克歼击车是一种8X8车型的轮式歼击车。1984年和公羊坦克一道列入发展规划，1990年开始批量生产，研制的主承包商为伊维科-菲亚特公司。它主要用来装备意大利的轻型装甲旅，用来执行快速机动作战任务。更值得一提的是，它的装备数量达到了450辆，成为世界上现装备中数量较多的重型轮式装甲侦察车，所以在意大利的维和部队中屡屡见到它的身影。

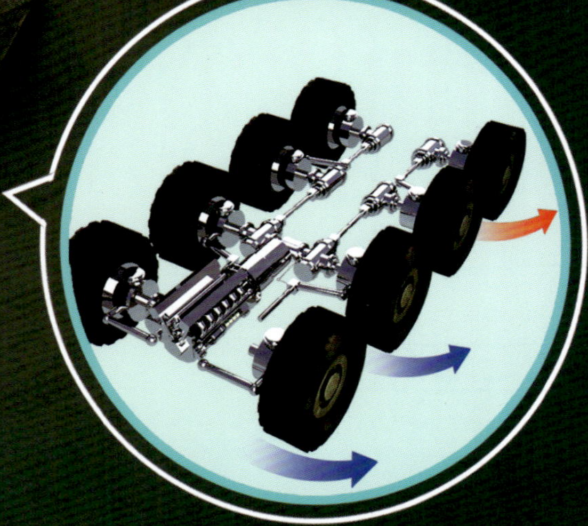

麦弗逊式悬挂系统

意大利半人马座坦克歼击车的悬架采用麦弗逊式独立悬挂，车辆转向时，通常通过前部两个车桥进行，但在低速行驶时第四车桥也可辅助转向，这样可以减少轮胎磨损并使转向半径减小到9米。此外，全部车轮都采用泄气保用轮胎，并装有中央轮胎充放气系统，越野性能优越。

2 空调系统

安有空调系统，即使室外温度降为零下30度至零下44度时，乘员也能在车内坚持工作战斗。

3 传动系统

H型传动装置是"半人马座"坦克歼击车的特色，发动机的动力通过两根传动轴传给各个车轮，从而提高了机动性。

热像仪的光电转换

1964年，美国德克萨斯仪器公司首次研制成功第一代热红外成像装置，称为红外前视系统，这类装置是利用光学元件运动机械，对目标的热辐射进行图像分解扫描，然后应用光电探测器进行光到电的转换，最后形成视频图像信号，显示在荧屏上。六十年代中期，在红外前视装置的基础上，改进成具有温度测量功能的热红外成像装置——热像仪。勒克莱尔坦克上就是安装了采用其工作原理的热像仪。

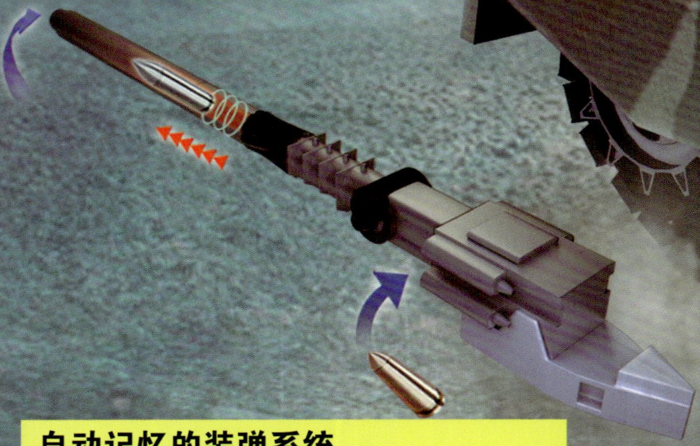

自动记忆的装弹系统

勒克莱尔坦克的自动装弹机弹舱内装上下两排22发炮弹，驱动电动机将指定的炮弹轮转至中央出弹位置，再推入装弹机中，装弹时火炮会调整至俯角-1.8度，经由识别系统读取印在炮弹夹上的环码，弹舱可自动记忆与挑选储存的弹种，无需人工输入资料。

自动灭火抑爆系统

自动灭火抑爆系统能于2~10微秒内侦测出火源并瞬间将其扑灭，并使用无毒性的抑燃剂。

ROAMING IN THE BATTLE

[战场漫步]

LECLERC 勒克莱尔主战坦克

"LECLERC" MAIN BATTLE TANK IS THE RESULT OF TECHNOLOGY

20世纪70年代，单兵反坦克武器在战场上日渐普遍，也使AMX-30坦克这类“薄皮”坦克面临几乎无法生存的窘境。法国陆军的新一代坦克计划，由GIAT集团负责研发，1986年1月将新型坦克命名为勒克莱尔主战坦克。勒克莱尔坦克的第一辆原型车于1990年在圣多利举行的欧洲陆军展中首度亮相。与“豹2”“M1”等坦克相同，勒克莱尔坦克也是一款火力、机动力与防护力都表现出色的先进主战坦克，其先进的设计思想也是拜科技大幅进步所赐。

激光报警装置

- 一般为多面体
- 辐射报警
- 激光发出预警信号

屏蔽和对抗装置

- 有许多发射器
- 发射烟幕弹
- 可形成红外和金属箔假目标

2 侧裙

侧裙包覆面积大，两段式设计，中间以活动组件连结，侧裙下段有抑制飞尘橡胶板，保护范围达承载轮中心。

3 材质

勒克莱尔采用钢制全焊接车体与炮塔，车体与炮塔本身拥有一层基底装甲，炮塔四周可加挂复合装甲。

THE HERO OF NAZI

[欧洲极致] PZH2000 自行榴弹炮

PZH2000 SELF-PROPELLED IS HIGHLY RELIABLE AND PRACTICAL

20世纪80年代初期，同英国、意大利开始合作研制SP-70新型自行火炮，但对发展存在分歧，后由各国自行研制。德国致力推进自己的PZH2000型155毫米自行火炮发展计划。1996年，德国陆军正式宣布PZH2000自行榴弹炮成功通过各项测试并开始量产。研制这种榴弹炮花费了10年时间，历经测评选型和苛刻测试等诸多环节，使PZH2000自行榴弹炮具有高可靠性、高可用性和高操作性，德国陆军对这种自行火炮非常满意。

PZH2000 火炮

- 最高时速60千米每小时
- 最大行程700千米
- 乘员5人

豹2主战坦克

- 最高时速72千米每小时
- 最大行程550千米
- 乘员4人

1 电子仪表

有先进控制系统，直接瞄准使用电子仪表，由于指示仪可通过指针的偏转角位移直接读出测量结果，因此使用广泛。

2 烟幕弹发射器

炮塔前、后方共设16具全覆盖烟幕弹发射器，发射烟幕弹为多频谱式，除遮蔽目光外也能阻绝激光与红外线。

联军长臂

2006年8月，PZH2000自行榴弹炮第一次被用于实战。它装备于荷兰陆军，参加了在阿富汗坎大哈省的针对塔利班的代号为“美杜莎”的军事行动。从这之后，PZH2000自行榴弹炮也被时常用于支援驻阿富汗联军在乌鲁兹甘省的作战行动，由此赢得了“联军长臂”的称号。

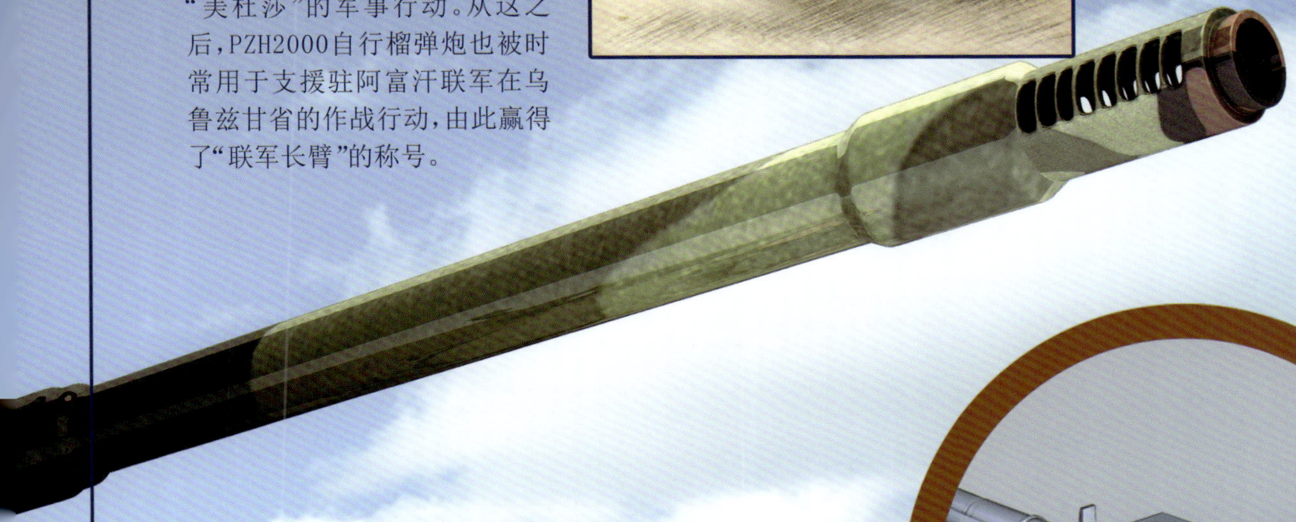

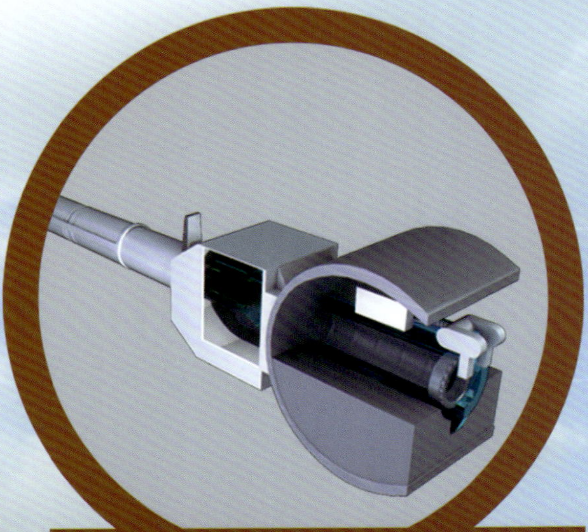

自动化炮弹装载系统

PZH2000自行榴弹炮采用自动化炮弹装载系统，该装载系统可在火炮处于任何仰角时为其填装弹药，自动炮弹装载系统采用自动数字化控制，包括弹药供给管理和感应引信设定PZH该火炮提供射击速率在不超过10秒内发射3发炮弹，在59.74秒内发射12发弹药，在1分47秒内发射20发弹药在12分钟内使用两名操作人员装载60发炮弹，包括弹药数据的对照。

3 燃烧室

燃烧室容量由FH-70的18.8千克增加至23千克，炮膛温度能自动被监测。

21发装弹机

K-9自行榴弹炮上配有21发底火自动装弹机，由输弹机和供弹机组成，利用火炮发射时产生的火药气体压力和炮身后坐压缩弹簧时储存的能量进行自动输送、插入和抽出底火。自动装填系统可从炮塔尾舱的弹丸架上取出弹丸，然后放入输弹槽，以备输弹。

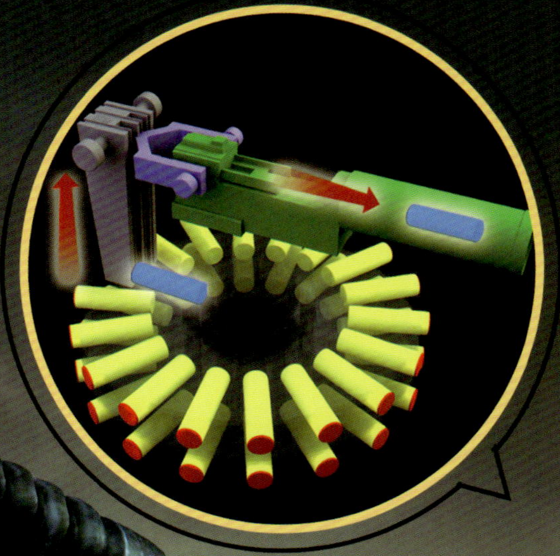

K-9自行榴弹炮装有三防系统、采暖设备、通信系统和人工灭火系统，火炮身管在行军时由安装在车体前部的行军固定器锁定，驾驶员可遥控操作行军固定器固定或解脱身管，从而保证了车辆“三防”的完整性。

固定器的实用性

1 行军固定器

行军时，身管由安装在车体前部的行军固定器锁定，驾驶员无需下车即可遥控操作行军固定器固定或解脱。

2 发动机

采用德国MTU公司Ka500V8水冷柴油机功率为735千瓦，德国PZH2000自行榴弹炮采用的也是这种发动机。

THE KOREAN IRON ROD

[韩国铁棒] K-9 自行榴弹炮

K-9 SELF-PROPELLED HOWITZER IS THE UPGRADE OF XK9

多年来，韩国自行火炮的主力一直装备的是美国M109A2式155毫米自行榴弹炮。21世纪80年代末，为满足21世纪的作战需求，韩国陆军拟定了研发新型自行榴弹炮的要求，第一门样炮于1994年完成，型号为XK9，在样炮试验中，新型自行榴弹炮的机动性和射击可靠性得到了验证，1998年韩国陆军将XK9定型为K9。K9从质量上的优势弥补数量上的劣势，可以在更远的射程外的山地区域进行有效的火力支援。

韩国K9自行榴弹炮

- 最大射速6发~8发
- 最大初速924米每秒
- 钢装炮塔和车体

美国M109自行榴弹炮

- 最大射速8发
- 最大初速827米每秒
- 铝合金炮塔和车体

3 自动装填系统

自动装填系统可从炮塔尾舱的弹丸架上取出弹丸，然后放入输弹槽，以备输弹，缩短了手工装填的装弹时间。

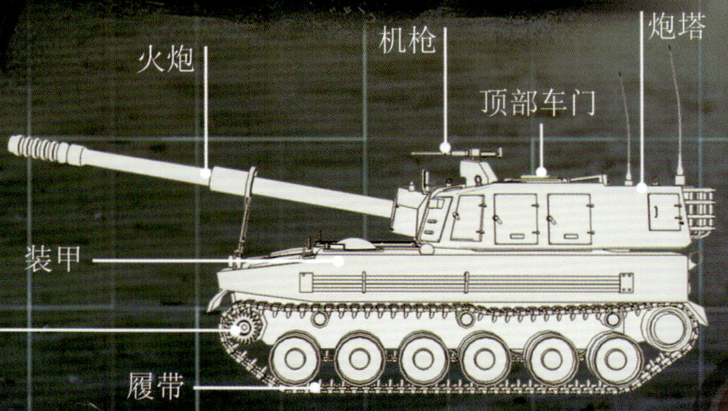

IMPRESSED BY THE LONG SHOOTING

[远击折服] CHALLENGER-II 主战坦克

"CHALLENGER" 2 MAIN BATTLE TANK IS GOING TO SERVE TILL 2035

20世纪90年代，英国阿尔维斯·维克斯公司生产了一款主战坦克，是以挑战者为名的挑战者2主战坦克。1993年开始生产，第一辆坦克于1994年3月完成，1998年进入英国陆军服役，曾经一发击毁5300米以外的T-62战车，这是战车史上的最远击破纪录，预计其会服役至2035年。

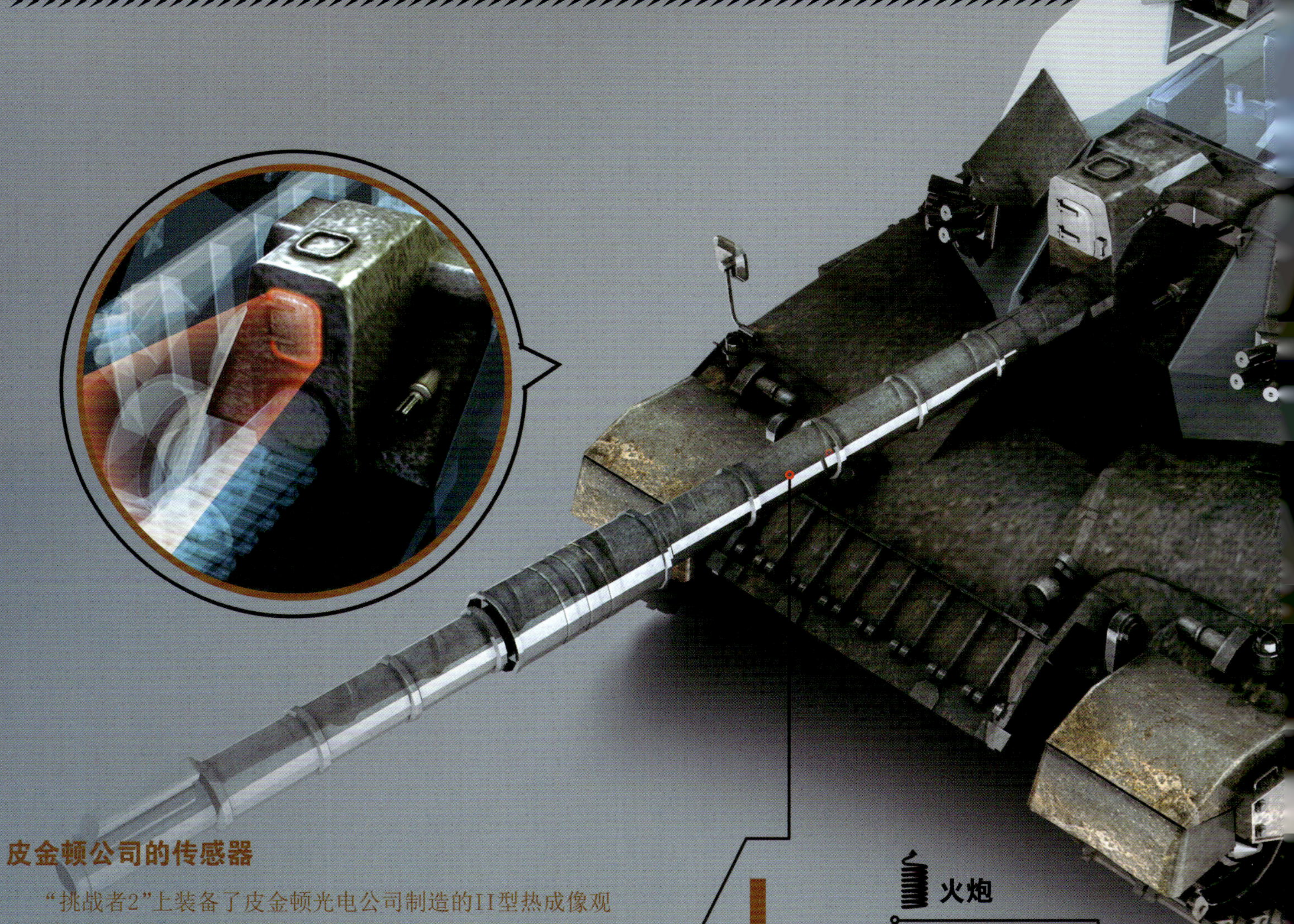

皮金顿公司的传感器

"挑战者2"上装备了皮金顿光电公司制造的II型热成像观察及炮瞄夜视镜，该型传感器是根据英国的TICM-2通用模块研制出来的，成像系统可将放大4位或11.5倍的目标图像显示在炮手及车长的瞄准具和监视器上，炮手拥有一台稳像式炮手主瞄准工具，包括一个视频通道、4Hz激光测距仪和显示器，其中激光测距仪的有效测距范围为200米至10千米。

火炮

BAE系统公司皇家军械分部制造的L30型120毫米线膛坦克炮，该炮采用电炉渣精炼钢制成，外套热护管。

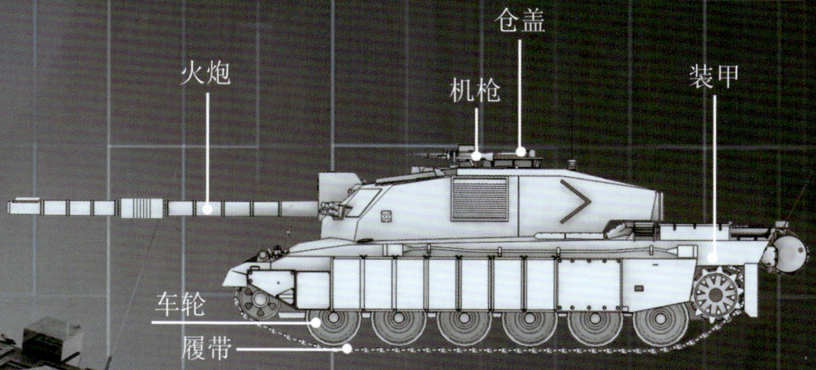

挑战者 2 主战坦克

- 液气悬挂
- 帕金斯CV-12柴油发动机
- 乘员4人

MK VIII 挑战者巡洋坦克

- 克利斯蒂悬挂
- 劳斯莱斯V-12汽油机
- 乘员5人

动力系统

“挑战者2”采用了帕金斯CV-12柴油发动机；戴维布朗TN54变速器，6个前进挡、2个倒车挡；帕金斯4.108四冲程柴油辅助动力单元，这样的配置可以让挑战者坦克即使不发动主引擎也能转动炮塔和提供电力。

2 火控系统

计算设备公司制造的数字火控计算机，该计算机系统内还可加装其他火控系统，如战场信息控制系统。

THE RANGER IN THE BATTLE

[战地游骑] C-1 意大利重骑

C-1 CAPITAL TANK BECAME THE CORE EQUIPMENT OF ITALIAN ARMY

20世纪80年代,意大利装甲力量迅猛发展,已建立完整的陆军装备体系。1982年,意大利议会批准了“陆军再装备计划”,国防预算大幅提高。1984年初,意大利陆军放弃原定购买豹2坦克计划,决定研发新一代国产主战坦克,研制代号为C-1主战坦克,它就是后来的“意大利重骑”。和同时研制的半人马座装甲车一道,构成意大利陆军“装甲部队现代化计划”核心装备。

尾翼稳定脱壳穿甲弹

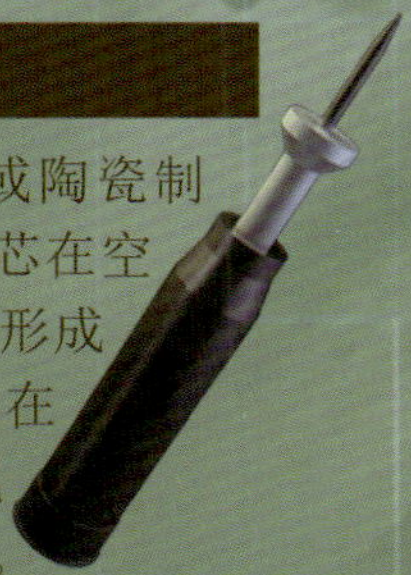

弹芯多由制程复杂的合金或陶瓷制造，拥有极高的硬度，射击后，弹芯在空中飞行的姿态能够与射击抛物线形成一条直线，接触目标后动能集中在弹芯尖端贯穿目标，也就是说尾翼的功用是让弹芯不在空中翻滚。

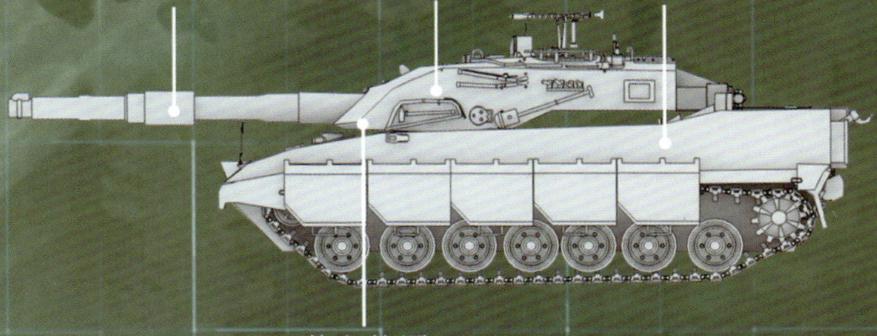

高爆弹

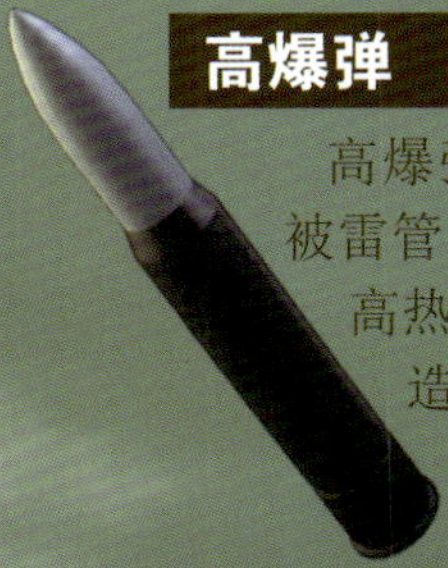

高爆弹或称榴弹，简称“HE”。炸药被雷管引爆后，炸裂的外壳变成许多高热锐利的弹片高速四散，弹片是造成伤亡的主要原因。依据目标的不同，高爆弹可以经由雷管的设定来控制引爆高度。

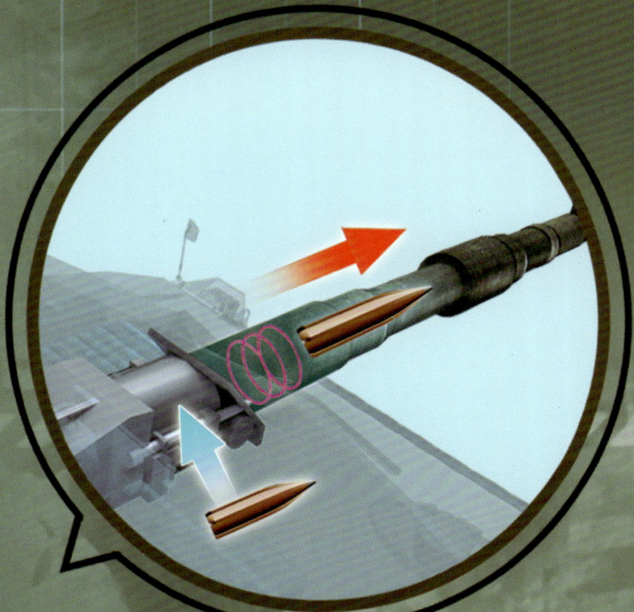

2 火控系统

该坦克装有伽利略公司设计的TURMS0G14L3型坦克火控系统。

奥托·梅莱拉公司的膛炮

意大利重骑使用的主要武器是一门奥托·梅莱拉公司生产的120毫米膛炮，该炮为44倍口径身管，直接仿制德国RH120坦克炮，弹药也可与RH120通用，可携带42发炮弹，其中有15发储存于炮塔尾舱，27发储存于车体内。

公羊主战坦克

- 战斗全重54吨
- 速度65千米每小时
- 发动机最大功率956千瓦

豹2主战坦克

- 战斗全重55.15吨
- 速度72千米每小时
- 发动机最大功率1103千瓦

NEVE GIVING UP

[永不退缩] T-90S主战坦克

T-90S IS ONE OF THE MOST SUCCESSFUL PROJECTS IN RUSSIA

T-90S主战坦克是在T-90坦克基础上改良的新坦克，该项目有一点非常特别，就是采用了国际技术合作的模式，当印度泰米尔纳德邦阿瓦迪的坦克制造厂根据许可证生产合同开始组装这种坦克时，俄罗斯的坦克研制和制造商与印度久经考验的合作已经达到了一个新的高度。T-90S主战坦克项目可以说是印度与俄罗斯军事技术合作史上最成功的项目之一。

T-90S坦克

- 最大速度60千米每小时
- 长度5.93米
- 最大行程500千米

T72坦克

- 最大速度65千米每小时
- 长度6.41米
- 最大行程500千米

1 火炮

125毫米滑膛炮还可发射激光制导炮弹，能发射AT-11“狙击手”型抗干扰反坦克导弹，导弹射程5千米。

2 变速器

采用双侧行星变速器，拥有7个前进挡和1个倒挡，最高车速60千米每小时，0~30千米每小时，加速时间不超过15秒。

装甲的防护性

T-90S坦克的炮塔采用T-72BM坦克炮塔，装有附加装甲，是苏联坦克炮塔中防护性能最好的一种，基体是类似于英国“乔巴姆”装甲的复合装甲，它的装甲由一个交替地镶有多层铝板和塑料板的主装甲壳体和一个可控制变形的部分组成。

3 柴油机

采用626千瓦柴油机，可使用多种燃料，对柴油质量及空气清洁度要求不是很严格，很适合南亚气候地形条件。

EVERYONE'S SWORD

[诸君之剑] MK IV 梅卡瓦坦克

MERKAVA TANK WAS OFFICIALLY SERVED FOR ISRAEL IN 1978

“梅卡瓦”是以色列最负盛名的主战坦克，在世界主战坦克排行榜上，也是屡屡榜上有名。从1978年梅卡瓦坦克装备以色列军队以来，它亲历了巴以爆发的多次冲突，这期间梅卡瓦坦克发展了四代。

MK4坦克采取新装甲防护措施，整个炮塔外形如飞碟般的扁平状，四周带有复合装甲，正面装甲呈楔形。这种独特外形有效减少了正、侧方的暴露面积，极易导致敌方武器在命中时产生滑弹，对于防御从屋顶等高处射来的轻型武器尤为有效。炮塔的顶部也装有瓦片状的模块装甲，仅20毫米~30毫米厚的炮塔装甲就能抵御反坦克导弹等重型武器从正前方以70度角的袭击，而且只要不被敌弹瞬间击穿，炮塔的伞状结构便可迅速将来弹的能量分散。

特殊的装甲外形

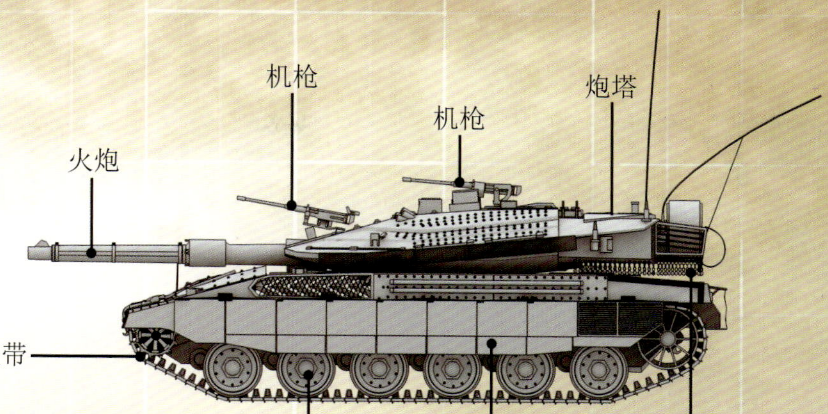

1 车载电池

该坦克装有车载电池，电能的主要来源是坦克上的发电机，在需要大电流供电时，电池能在较短时间内提供一个较大的电流。

2 装甲

虽然是主要着眼于城市作战而开发的坦克，但其正、侧面的装甲厚度却几乎与伊拉克战争中的“挑战者2”相当。

梅卡瓦 MK3 坦克

- AVDS-1790发动机
- 2个前进挡、1个倒挡
- 机罩高高隆起

梅卡瓦 MK4 坦克

- MTU833 内燃发动机
- 5个前进挡、2个倒挡
- 机罩外观平整

“梅卡瓦”的锤链

MK4炮塔后面有一块巨大的弹窝区，如果被火箭弹命中的话后果非常严重，因此装了锤链以干扰破甲弹，破甲弹在碰撞装甲时发生爆炸，产生高温高速的金属射流，击穿装甲，而金属射流有一定的距离性，无论远近，都达不到最佳破甲效果。加装垂链，可干扰破甲弹爆炸时间和距离，以削弱敌方威力。

坦克潜渡的要因

K2坦克是否能够潜渡，取决于发动机的排气压力，如果水压大于发动机排气压力，发动机则会排气非常困难，所以陌生河流潜渡前要对河底进行探查。探查河床是否为沙石底，如果是则越硬越好，较硬的沙砥能够防止坦克发生淤陷。水压会令发动机功率严重受损，为保证在水底不灭火需将油门加到底，但动力输出依然很低，遇到障碍很容易造成熄火，同时也容易造成发动机损坏。

水下通气管

号称世界首创的功能，利用一个水下通气管迅速潜入水中达4.1米深度，一旦浮出水面后就可以立刻投入战斗。

韩国于1995年开始研发新型坦克并采用大量本国技术，耗资2亿3千万美金打造K2主战坦克。2011年，韩国K2主战坦克量产，被韩国国防科学研究所形容为"全世界技术水平最高的"一种主力战地坦克。

THE COMING BLACK EAGLE

[黑鹰出巢] K2战地坦克

SOUTH KREAN K2 MAIN BATTLE TANK WAS INVENTED IN 1995

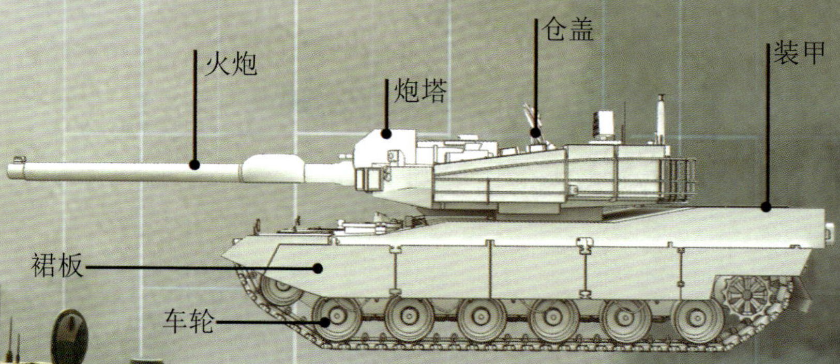

2 火炮

主炮可以发射多种弹药，而多目标高爆化学弹则可以有效杀伤人员、轻装甲车辆、墙后的人员、低空直升机。

K2 坦克

- 臂悬吊系统
- 重量55吨
- 55倍径滑膛炮

K1 坦克

- 吊杆与气动
- 重量51.1吨
- 英国RoyalOrdnanceL7炮

KSTAM韩国智能攻顶弹，专为K2坦克设计，由主炮射出，可以走平射弹道或长程炮击的曲射弹道，没有任何火箭推力装置，推力完全来自火炮火药。弹头有导向和避开障碍物的系统，发射后，弹体沿弹道前进，由四个尾翼稳定飞行，飞向目标区。之后降落伞将打开减缓速度，使内建雷达和侦测器能有时间锁定固定或移动目标并引爆爆破穿甲弹头从顶而下贯穿目标物。

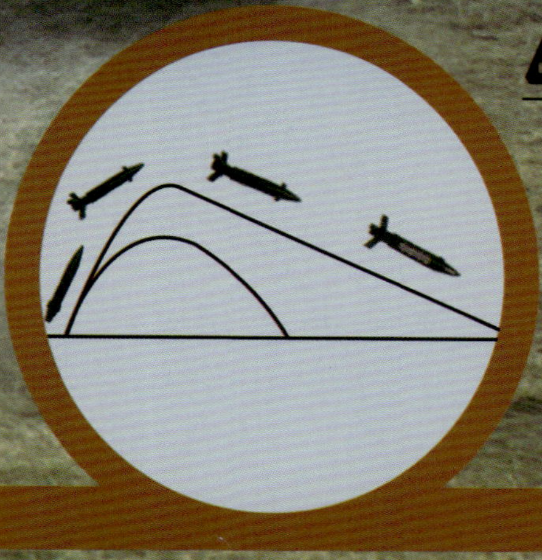

专为 K2 设计的炮弹

THE UNSEEN KILLER

[隐形杀手] PL-01 波兰新型主战坦克

PL-01 MAIN BATTLE TANK IS A NEW TYPE OF POLISH WEAPON

在华约时代，波兰具备了生产坦克的能力，且主要生产T-72主战坦克。冷战结束后，波兰继续对T-72坦克进行改进，且决心首创隐身坦克，这就是2013年9月推出的PL-01计划，作为欧洲在后冷战年代的首款新型坦克，PL-01坦克通过引入隐身元素，重新诠释了“攻防一体”的内涵。按照波兰国防部的设想，该坦克应在2016年完成设计定型，2018年投入量产，2022年完成全军换装并实现外销。

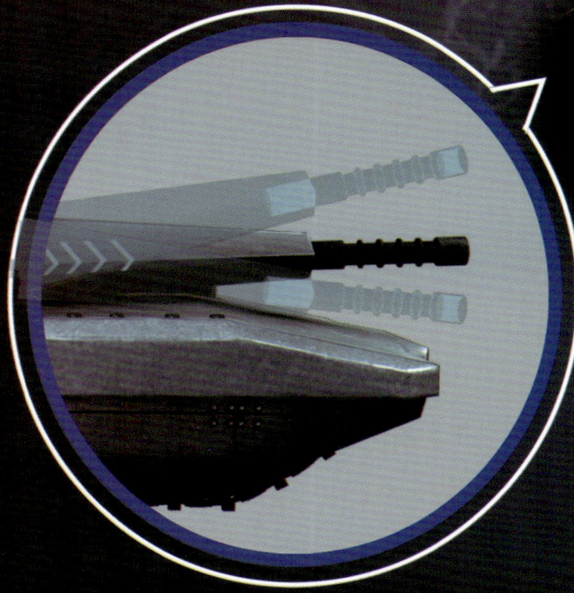

碟形炮塔

PL-01坦克车体大致呈飞碟状，即炮塔的线条向车体延展，角度呈现倾斜状，炮塔内装有2个备用弹鼓，储弹12发~16发，而车体与下部行走部分的衔接处则用两侧向外突出的附加装甲板进行掩盖，线条过渡流畅。

3 装弹舱

炮塔后面尾部有一个装弹舱，里面装有6发~7发炮弹，上面是透明舱盖，可醒目的看清炮弹数。

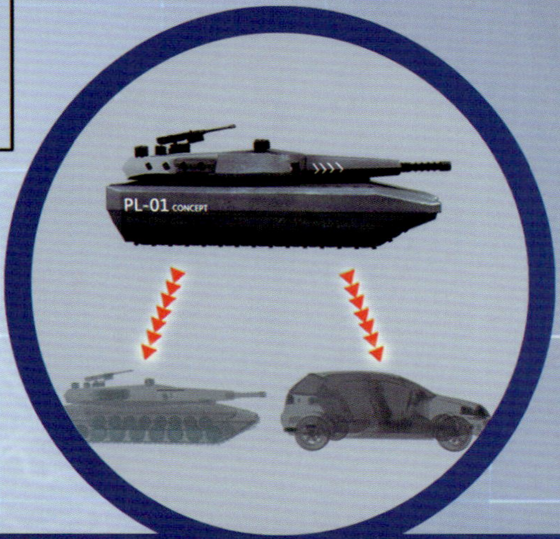

可见光隐形

PL-01坦克能够实现对可见光隐形，原理十分简单，主要是运用摄像机和投影仪，将坦克的背景环境拍摄下来，再把画面投射到经过改装的坦克身上，并将该坦克的识别信号篡改为民用车辆。由于坦克外表用硅材料覆盖了反光外壳，投射的画面与背景能融合一体，观察者很难从周围环境中分辨出坦克，这样就实现了“隐形”功效。

PL-01新型坦克

- 安有抗声光热的系统
- 硅材料覆盖了反光外壳
- 侦察能力强

T-95新型坦克

- 安装了“窗帘”-1光电干扰装置
- 全钛合金模块化装甲
- 侦察能力较弱

2 行进系统

坦克行进过程中它的履带都藏在隐身装甲下，因而行进中大大减少了噪音，防护性也得到提高。

1 热成像仪

内置BAE研制第三代“蓝宝石”热成像仪，是通过非接触探测红外能量，并将其转换为电信号，的一种检测设备。

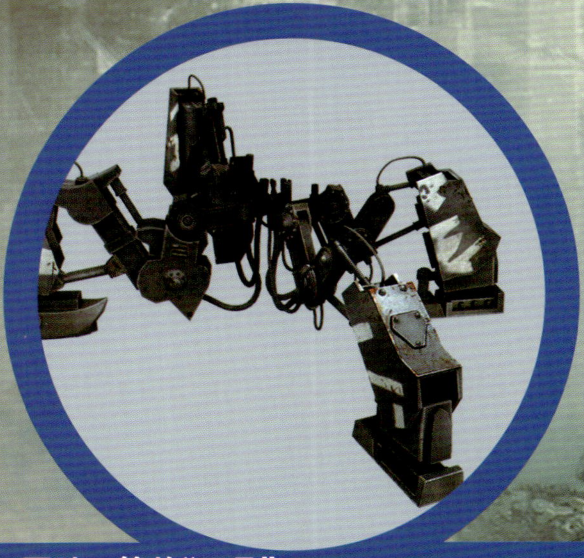

更胜一筹的“四足”

机甲相对于坦克而言拥有更强的地形适应能力，但是高大的机身及重量使其在复杂地形（山地、丛林）行动受限，需采用移动较慢的四足模式，更像现代汽车减震系统的升级复杂化版本，由于开放性的设计，使得机体的下肢不再局限于轮子与履带这种平地实用、山地难用的尴尬局面，可通过调节4只脚以适应各种地形。

双足机甲

- 操作简单
- 机动性较强
- 瞄准精确度相对弱

四足机甲

- 操作较复杂
- 破坏性较强
- 瞄准精确度更强大

机甲

机甲是依靠像人手一样的机械手臂，作为武器插件化的平台，崇尚人类四肢是万能的思想。

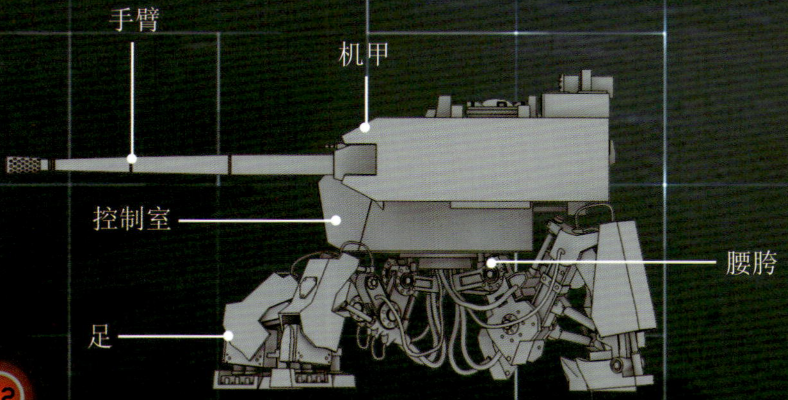

THE INFINITE OUTLINE

[无极轮廓] MECHS 四足战车

THE FOUR-FOOT CHARIOTS CAN LEAD THE NEW PATTERN OF ERA

当钢铁与自由的战歌碰撞出火花，科技带给人类未来无限的遐想，一个崭新的机甲时代已然到来。相对于自由灵活的二足形态，四足机甲特色相当明显，杀伤更持久。战车的密集火力瞬间能冲破敌人的防护，即使在很远的地方，依然能够对另一方造成重度伤害，面对再复杂的战斗环境，也能在第一时间快速切换战斗形态和战术，人形、战车、科技和跑车形态将是未来机甲战斗中最常用的四种形态，它们将以科幻加实体的形式引领全新的格局。

未来的机甲狂想

未来的国家间冲突，不会像《机械威龙》里那样单挑解决，也不会由一队《阿凡达》中的AMP对抗一队《黑客帝国》中的APU，应该更像是穿着动力装甲的人类士兵带领《霹雳五号》这样的军事机器人在小规模战斗中大显身手，机器人对战况把握和人类还无法相比，穿着重型动力装甲的人类将仍然是战场上的主力。

2 腰胯关节

腰胯关节有两个组件，一个“胯关节”，类似汽车方向盘；另一个“腰关节”，类似坦克炮塔的旋转结构。

3 手臂

不是类似人的手臂，含两个关节的就叫手臂，手臂不仅仅只是搭载手掌，也可以替换掉手掌。

SCANNING THE BATTLEFIELD

[阵地扫描]

BATTLEFIELD 战地侦察机器人

BATTLEFIELD RECONNAISSANCE ROBOTS CAN BE APPLYED WILDLY

鉴于战地侦查机器人技术的重大军事意义，美日和西欧各国早在90年代初就竞相开发相关技术，特别是19世纪90年代后发生的战争表明了现代战争越来越依赖高新技术。如美国一方面研发各种遥控防核，一方面研制多种多样大大小小的遥控机器人系统，分别从事侦查、防爆、取样等任务。侦察机器人具有广泛的应用需求，已经成为未来战争中不可缺少的装备。

未来机器人的发展

未来机器人将可以完全通过自己的知觉采取行动，能像人一样说话、听声音、看东西、思考问题等，甚至有“善解人意”的机器人，具有察言观色能力。未来机器人也在走向微型化趋势，微型机器人体积小，工作能力强，它们最终将像电视机、洗衣机一样走近我们的生活，成为人类忠实的助手。

侦察机器人的“大脑”

双足军用战地侦察机器人由一个通过电缆连接的“遥控箱”控制，它能模仿人体使用双足行走，也能进行下跪或蹲坐，甚至还可以俯卧撑。它的胸部有一个方形金属盒，里面的“大脑”用以控制全身的30个液压装置，可以灵活控制自己的四肢和体态。它的双脚用高强度碳纤维材料制作，能以每小时8千米的速度行走。

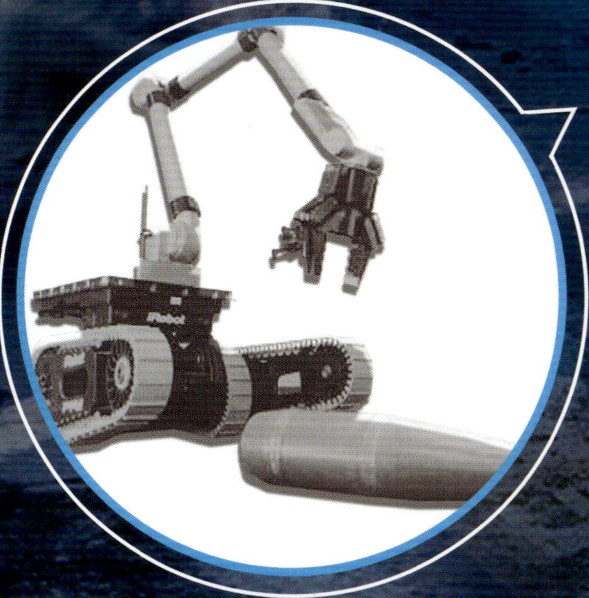

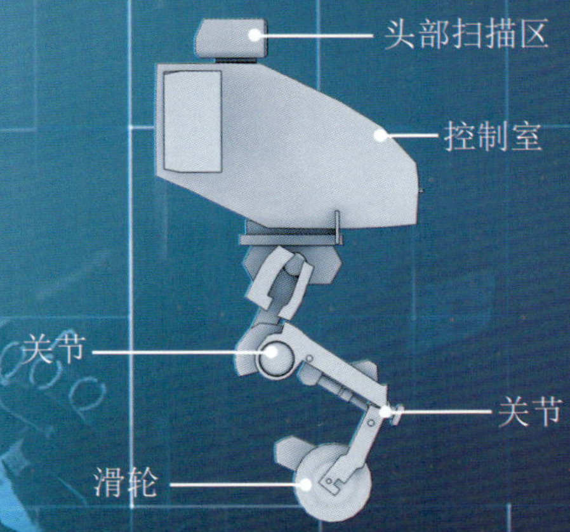

RST抛弃型侦察机器人

- 重545克
- 隐藏和伪装性差
- 不可飞行

新型“机器人乌鸦”

- 重9.7克
- 隐藏和伪装性好
- 可以飞行

1 轮式系统

轮式系统的优点很明显，结构简单，技术成熟，速度较快。但缺点同样明显，只能在较为平坦的地区活动。

2 关节

通过纵摇轴的髋关节、膝关节和踝关节的协调动作，保持机器人的重心以进行移动。

ASSISTING FUNCTION

[辅助动能] KURATAS 四足载人战斗机器人

MANNED FOUR-FOOT ROBOT "KURATAS"IS DESIGNED BY JAPANESE

在日本召开的WF2012展览会上，巨型四足载人机器人KURATAS登场，这也是KURATAS在大型展会上首次公开露面。工作人员在现场演示了如何在机器人"体内"进行操作控制，现场观众也可以去亲身体验。KURATAS机器人的基础价格为1,353,500美元，还可以配备不同的武器，顾客可以根据自己的喜好选择机体的色彩搭配。虽然这个机器人还处于初级的大玩具状态，但是这是人类首次将科幻影片中的机器人形象做成现实设备。

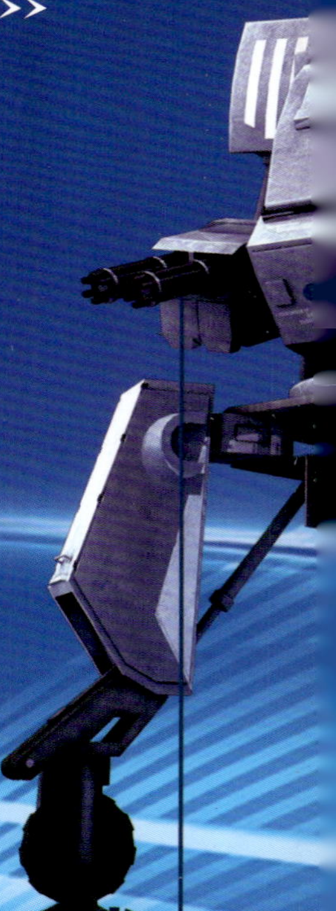

人可以坐在机器人里充当驾驶员，驾驶员通过触摸屏来完成主要操作。有一点特别有趣，驾驶员可以通过微笑来发射Kuratas手中的BB加特林机枪，说它是"笑面杀手"一点都不为过。Kuratas采用"V-sido"操作系统，还可以使用Xbox"Kinect"运动传感器功能进行操作。

Kuratas 的用途

四足载人战斗机器人

- 日本水道桥重工集团研发
- 首个四足载人战斗机器人
- 单人驾驶舱或智能手机操作

WL-16IV载人型机器人

- 日本近藤科学株式会社研发
- 第二代KONDO人型二足机器人
- 用手操作，电脑便会纪录存储

外骨骼套装系统

KURATAS采用的是外骨骼机器人套装系统，类似昆虫的外骨骼，能穿在人身上，帮助人承担重量，给人提供保护及额外的动力或能力，增强人体机能，如使腿残疾的人能自己上楼，让士兵能健步如飞、无障碍奔跑且不会疲劳、不会受伤等等。电影《钢铁侠》中的钢铁衣就是机械外骨骼的典范，《异形》《黑客帝国》中也出现过机械外骨骼。

1 颜色

买家不必担心这款机器人只有一种颜色，依据不同买家需要，可以选择多种配色。

2 机枪

装配着一个未来武器系统，包括能一分钟内射击的加特林机枪，启动机枪仅需操控者一个微笑。

通气筒

几乎没有桥梁能承受"鼠"式坦克的重量，为此安装了潜渡通气筒，这样它能用潜渡方式涉过最深8米河流。

超宽的履带

鼠式超重型坦克的履带概与虎II坦克相同，采用全金属履带，不过两者最大的差别在于鼠式坦克的履带宽达110厘米。驱动轮位于车体后方，由电动马达带动。履带板的宽度为144厘米，接地长为588厘米。即使这样宽的履带，整车的单位压力仍比一般的坦克高得多。

1942年6月8日，德国著名的坦克设计师波尔舍博士在会见希特勒的时候又提出发展超重型坦克的计划，希特勒凭借私交与之前的坦克研发业绩，当日就任命了波尔舍为总设计师，开始研制一种安装有128毫米或150毫米火炮的超级重型坦克，这就是"鼠式"坦克的来历。"鼠式"是一种有趣的设计产物，但由于它可怜的机动能力和巨大的重量，使得它注定缺乏实战价值，把它作为一座移动碉堡来使用更胜于作为一种超级坦克的用途。

THE LARGE MOUSE　MOUSE

[巨躯鼠名] 鼠式超重型坦克

THE MOUSE-LIKE HEAVY TANK CAN BE A MOBILE FORT IN THE WAR

REMOTE PUNCTURE

[不动要塞] P-1000 超级坦克

P-1000 SUPER HEAVY TANK WAS ACTUALLY ABANDONED IN 1943

1942年年初，德国武器局第5处计划开发一种重量达1000吨的超重型坦克。当时纳粹德国的军事发展以及力量已经达到了高峰，希特勒在开始对这种研发超重型坦克的项目也很感兴趣，完全没有考虑到很多实际问题，就批准了德国的克虏伯公司承担研发超重型坦克的工作。1942年6月23日，研发超重型坦克的研究开发工作正式开始，代号为P-1000，称为“巨鼠”坦克，但计划在1943年被放弃，实际上并没有一辆P-1000被生产出来。

鼠式超重坦克

- 乘员6人
- 重量188吨
- 高度3.63米

P-1000 超重型坦克

- 乘员20人
- 重量1000吨
- 高度11米

履带

每侧的履带有3.6米宽，由3条1.2米宽的分履带组合而成。

P-1000 坦克的武器配置

P-1000坦克可以装载多种武器，其中一种方案配置是两门主炮，一门火炮，八门高射炮和两挺MG151机炮。“巨鼠”坦克虽然没有用于战争，不过它仍是超级陆地堡垒的象征。

赫鲁晓夫的裁决

“279工程”于1957年造出样车。这辆“外星坦克”在试验场顺利通过技术审查，但是由于结构复杂，造价昂贵而没有投产。赫鲁晓夫认为未来战争只需要导弹和核武器，重型坦克不适宜新的战争局面，于是“279工程”在1960年被下令停止研制。“279工程”虽没登上战争舞台，但其惊人的创造性让人赞叹不已。

“非舟状”的履带

为尽量加大“279工程”履带接地面，设计师考虑了一种完全不合规范的可以防止暴风侵害乘员的车体形状。平整非舟状（惰轮与动轮的位置不高于路轮）的履带设计让整体重量均匀地分摊在各种地面，就连沼泽也能陷而不溺。

279 工程

- 没有三向稳定瞄准器
- 746千瓦的12筒柴油机
- 乘员4人

277 工程

- 有三向稳定瞄准器
- M85012缸V型机械增压柴油机
- 乘员4人

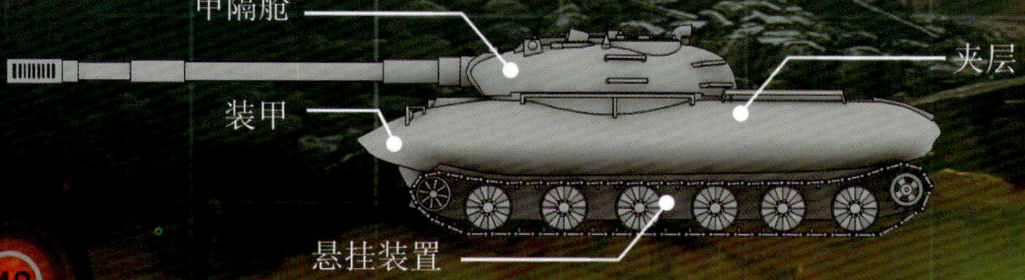

THE DEVIL IN ATOMIC WARFARE

[核战洪魔]

OBJECT 279
279工程

THE IDEA OF “279 PROJECT”IS USED TO AGAINST ATOMIC WAR

随着广岛上空蘑菇云的出现，世人见识到了核子武器的威力。“二战”后，苏联未雨绸缪，针对未来可能爆发的核子战争，开展针对核战情况下的武器研究。1953年，苏联进行多次核战坦克试验，但这些试验坦克均被核爆炸冲击波掀翻。为了解决这种情况，苏联科学家L·S·托洛亚诺夫研制出了一种代号“279工程”的重型坦克。但是由于造价和结构的问题，当时任苏联领导人的赫鲁晓夫停止了该项目的研发，“279工程”也成了博物馆的展品。

TRANSIENT

[昙花一现] AMX-50弹夹车

AMX-50 CAR CARTRIDGE CAUGHT THE ATTENTION OF THE MILITARY

二战后，法国人率先设计了一款具有先进理念和特色的高速、重火力的坦克，搭载有特制的自动装弹机与摇摆炮塔，这就是AMX-50弹夹车。它是有自动装填器的坦克，一个弹夹有5到6发炮弹，最多的有7个弹夹，而且火力强劲。遗憾的是，由于当时经济政治等原因，AMX-50弹夹车未能量产，北约标准的建立，使它也未能服役，AMX-50弹夹车只能昙花一现，但是它的设计理念却受到了各国军界的关注。

摇摆式炮塔

AMX-50弹夹车采用的是摇摆炮塔，将火炮刚性地安装于上炮塔，两者成一体绕火炮耳轴作俯仰运动，没有防盾。上塔体靠耳轴支承在下塔体上，下塔体支承在炮塔座圈上做旋转运动，出于重量平衡的考虑，火炮耳轴的位置偏后，当火炮炮口仰角较高时，炮尾不至于降到座圈之下，从而使炮塔座圈的直径可以做得较小，有利于减轻炮塔部分及整车的重量。

装甲

车体两侧垂直，圆形前部为倾斜装甲，以利用斜面反弹炮弹，就算炮弹穿入也能有较长对角线阻挡炮弹。

炮弹自动装填

AMX-50弹夹车的摇摆炮塔是便于实现炮弹的自动装填的一个优势，由于火炮和上塔体连接成一体，只要将炮弹布置在上塔体的适当位置，就可以方便地将炮弹推入弹膛。

ARL44重型坦克

- 90毫米火炮
- 2x7.5毫米MAC31机枪
- 迈巴赫HL230发动机

AMX-50弹夹车

- 120毫米火炮
- 2x7.5毫米MAC31机枪
- 迈巴赫HL29512VC发动机

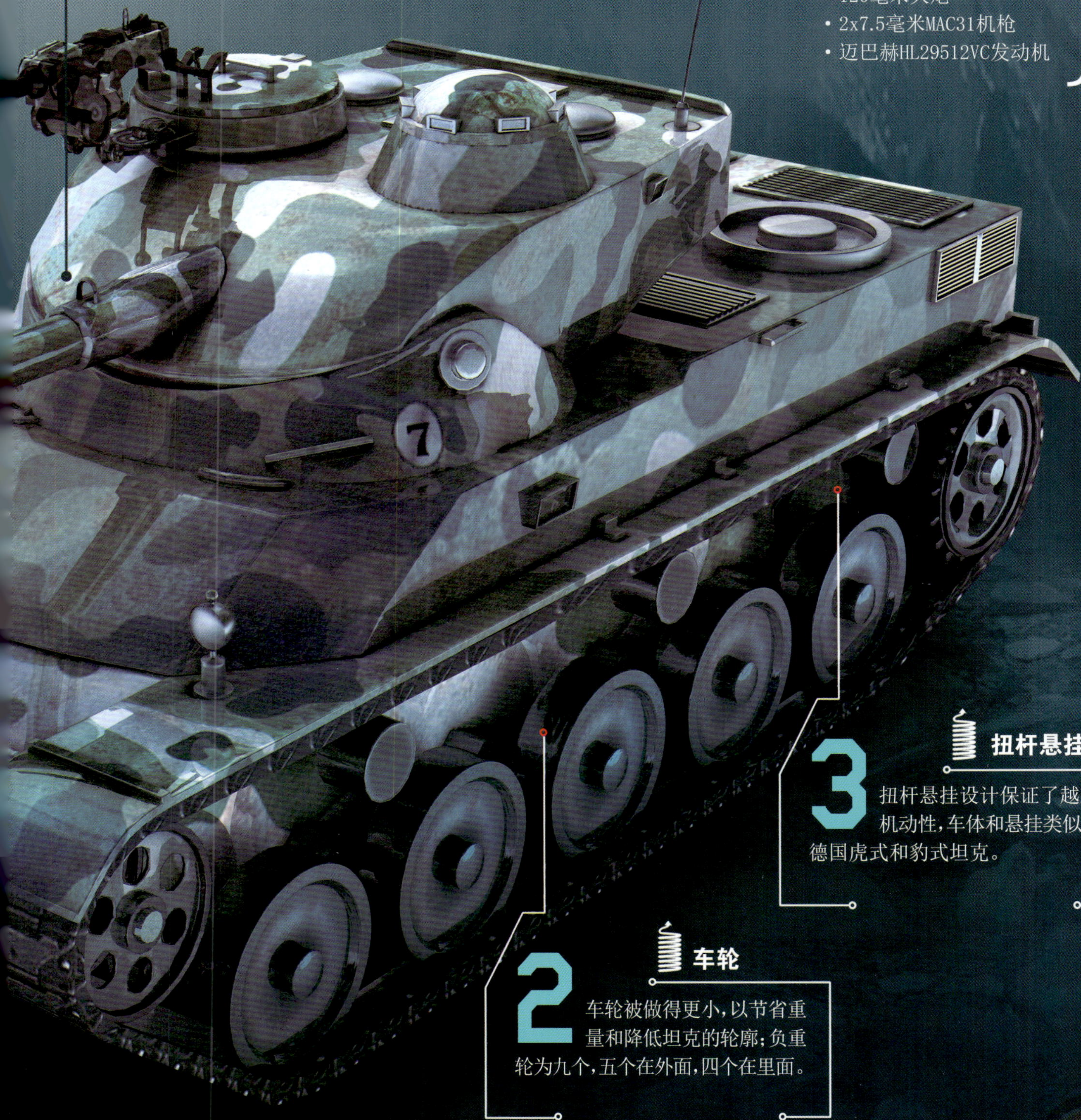

3 扭杆悬挂

扭杆悬挂设计保证了越野机动性，车体和悬挂类似于德国虎式和豹式坦克。

2 车轮

车轮被做得更小，以节省重量和降低坦克的轮廓；负重轮为九个，五个在外面，四个在里面。